万水·荟生活

微笑烘焙：
送给家人的小幸福

"Draw Your Own Picture" Sweets

［日］千叶贵子 著　　曹惊喆等 译

中国水利水电出版社
www.waterpub.com.cn

Contents
目录

Part.1
经典可爱的甜品

> **本书的计算方法**
>
> ◎计量单位 1杯=200ml
>
> 1大勺=15ml　1小勺=5ml。
>
> ◎关于微波炉加热，均以500W为基准。
> 使用的微波炉不同，会产生稍微的差异。
> 请大家根据自己家的微波炉自行调节。

前 言

　　最开始创作微笑甜品系列，是因为有人找我拍摄明信片的照片。每次在街角看到自己的作品时，总会小小地激动一把，感激之情油然而生。现在，微笑甜品系列全部集合在一起，以供大家阅览。其实我一直梦想出一本属于我自己的料理书。能够实现自己的梦想，真的很开心。

　　我的微笑甜品也可以叫做"治愈系甜品"。希望每一位看到它们的人都会有柔和平静的感觉。虽然配方看起来有点长，但做起来格外简单。我收集了大量既可爱又好吃、还能让你嘴角上扬的甜品，无论你是大人，还是小孩，肯定会喜欢。

　　如果这本书能让你看着快乐、做起来开心、吃起来美味，那真是我的荣幸。

千叶贵子

食 材 清 单

面粉＆糖

低筋粉
蒸蛋糕混合粉
热香松饼粉
荞麦粉
上白糖
幼砂糖
糖霜

本书中使用的面粉主要是『低筋粉』。它的粘度不太强，被广泛应用在海绵蛋糕或者曲奇饼干等整个糕点制作过程中。使用在热香松饼粉或者蒸蛋糕混合粉各种糕点中，用起来很方便。无论选择哪一种，请使用没有受潮的新鲜面粉。在糕点中主要使用的是幼砂糖，如果没有的话，也可以用上白糖代替。

奶制品

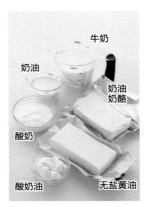

牛奶
奶油
奶油奶酪
酸奶
酸奶油
无盐黄油

一般做蛋糕最基本使用的是『无盐黄油』。实在没有的话，可以使用普通黄油代替。黄油能够散发出浓厚的香味，对食物的口感也有一定的影响，所以请使用新鲜的黄油。纯动物奶油味道会很好，而且入口即化，但是容易出现分离的现象；相反，植物性奶油风味口感虽不如动物奶油好，但是稳定、不易分离。酸奶请选择无糖的原味型。

坚果类

杏仁酱
栗子酱
椰子
杏仁片
杏仁粉

椰子一般使用椰壳内侧的白色纤维部分，通称『椰蓉』；也有做成丝状的，通称『椰丝』。杏仁粉是将杏仁粉碎过筛所得，能使糕点更加香浓，味道更加有层次感。杏仁的油脂很容易氧化，开封后请尽早使用。栗子酱可以混合奶油使用，也可以混合过筛后的红薯做蒙布朗使用。

巧克力＆可可粉

可可粉
蛋糕专用巧克力
白巧克力（硬币形）
巧克力笔

巧克力，推荐使用『糕点专用巧克力』，它跟一般的巧克力相比，可可脂的纯度会更高。『可可粉』是没有加砂糖的，100％的纯可可。巧克力笔，各种颜色的都有，请先隔水加热使巧克力融化后再使用。推荐使用冷却后能马上凝固的巧克力。那样，即使失败了，也能使用竹签来修复。

香料的食材

樱桃白兰地
橙味甜酒
香草精
君度橙酒
香草荚

洋酒多用于给甜品添加香味。樱桃白兰地叫『Kirsvh』、橙味甜酒叫『Grand Maenier』，也可根据自己的喜好选择订购酒。香草荚是一种兰科的植物，一般是去除香草精内部黑色的种子来使用。由于香草精造价很高，可以使用香草油来代替。

凝固食材

粉状琼脂
吉利丁
吉利丁片

粉状琼脂是一边煮一边融化的，不需要像棒状琼脂和线状琼脂那样，先于水中软化再融化，使用起来很方便。动物明胶也分两种，一种是操作简单的粉状明胶，一种是透明不黏手的片状明胶。无论使用哪种，放入水中都会吸水变为常态，与琼脂不同，需要在高温的水中融化，且凝固强度不大。请一定区分。

器 具 列 表

打蛋器

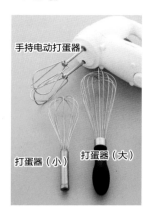

手持电动打蛋器

打蛋器（小）　　打蛋器（大）

打蛋器主要是用来混合面糊或打发蛋清的。请尽量选择不锈钢制的打蛋器。打蛋器有大有小，使用会很方便。若使用电动打蛋器，在制作海绵蛋糕时打发蛋清、打发奶油都很方便，也会使蛋糕的制作一下子变得轻松愉快。

称量器具＆筛网

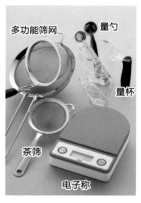

多功能筛网　　量勺

量杯

茶筛

电子称

电子称、量杯和量勺是做蛋糕时的必需品。请尽量买最小单位为0.1g的电子称。在称量粉状琼脂或者吉利丁时，因为需求的量很少，使用最小单位为0.1g的电子称，能够较为准确地称量，减小误差。茶筛和多功能筛网也请选择不锈钢、坚实的制品。

刮刀类＆方便的器具

蛋糕架

刮板　　　　　擀面杖

木制刮刀　　　　　　抹刀

硅胶刮刀

硅胶刮刀是混合食材或者舀取面糊非常方便的道具。推荐购买耐热性高、刀柄和头部为一体型、没有连接间隙的刮刀（无间隙的刮刀不容易积累脏东西，且易清洗，比较卫生）。蛋糕架是在蛋糕烤好后，冷却蛋糕胚用的。能使蛋糕胚快速冷却且不积累湿气。擀面杖是擀饼干和塔饼面糊的必需品。刮板可用来将面糊刮平整，或分切面胚。

模具＆裱花袋

塔盘　　慕斯圈　　烤盘

玛德琳蛋糕模

柠檬蛋糕模

裱花袋

饼干模

裱花嘴

形状各异的蛋糕，只是看也会很开心。重点要说的是柠檬蛋糕模，在本书中它将会经常出现。无论是烤制蛋糕还是制作果冻，都会用到它。使用完后请用清水将它们洗干净，擦干收好。裱花时使用的圆形裱花嘴的口径分为6mm、10mm、15mm三种。星形裱花嘴只要有一大一小就足够了。

其他方便使用的器具

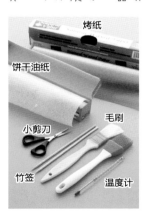

烤纸

饼干油纸

毛刷

小剪刀

竹签　　　　　温度计

毛刷可以用来刷掉多余的粉状物，也可以用来涂果酱。想要认真学习做蛋糕，就必须学会使用温度计。温度计的最高测量温度达到200℃时，就可以在制作大部分蛋糕时使用了。为了防止蛋糕或者饼干黏在烤盘或者盘子上，会使用到烤纸或者饼干油纸，在裱花时也能用油纸做成圆锥形纸袋使用。竹签和小剪刀在一些细微的地方能起到很重要的作用。

装饰的基本手法 ✦

 糖霜

糖霜可以涂在饼干或者杯糕的表面
也可以画出细细的线条和各种花纹

● 糖霜的制作方法

食材（方便做的份量）

糖粉.....................225~250g
蛋清.....................1个鸡蛋足够

①将过筛后的糖粉放入不锈钢盆中，中间挖个坑，倒入蛋清和少量柠檬汁。柠檬汁可以使蛋清快速变干。

②使用木制刮刀或者叉子搅拌，直到面糊表面有光泽产生。这个时候，搅拌的幅度不要太大，否则容易混入过多空气，从而使面糊变脆，晾干后容易凹凸不平、画线条时线条容易断裂等问题。

③做好的糖霜请放入密封性较好的容器内，铺上一层打湿后拧干的厨房纸，将容器的盖子盖上。可以放入冰箱冷藏，保存一星期左右。使用时，取需要的量于小盆内，用勺子搅拌，直至表面出现光泽。糖霜的软硬可以使用糖粉或者清水来调节。

● 画点和线需要的硬度

画线和描边时的硬度，可以使用勺子舀一勺，向下倾倒时，呈线条缓慢下落的样子最佳。太软的话，画出的线条会像胡萝卜一样上粗下细。硬度可以使用糖粉和清水来调节。

● 涂面时需要的硬度

涂面时需要使用糖霜。因为需要面上平坦，所以需要使用较软的糖霜。用勺子舀一勺糖霜，向下倾倒，落下后，线条慢慢消失，与其他糖霜融为一体的硬度为佳。糖霜过硬的话，晾干后线条的痕迹会留在表面，不平整，影响美观。

请注意，糖霜太过柔软的话，会容易溢出表面，饼干也会因吸收糖霜的水分而受潮影响口感。

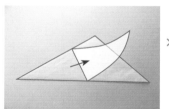

① 圆锥形纸袋的制作材料是饼干油纸（烤纸），或者包裹花束时使用的opp透明塑料纸，或者牛皮纸。先剪成长方形，对角线对折后用小刀切开。纸袋的大小可以根据需求而改变。

② 直角的部分对着正上方。如图所示，以直角的延长线为起点，抓住30度角的边，从左侧向内卷起一圈，再将右侧边也卷过来包住。

③ 移动纸张重叠在一起的地方，直到裱花口处的口子完全闭合，圆锥纸袋上部凸起的角向内侧折叠，以扣紧纸袋。

④ 使用抹刀将糖霜盛入纸袋内。

圆锥形纸袋的制作和使用 ✦

⑤ 如图所示，将糖霜推向纸袋里端，将盛入口的左右两端向上折叠。

⑥ 再向内卷2~3次，使糖霜不会倒流出来。裱花口用剪刀剪个合适的大小即可。

● 给你的糖霜着色

① 糖霜的着色剂可分为粉末状色素和面糊状的面霜专用色素。粉末状色素溶于极少量的水中即可使用。从植物中提取的天然色素，对身体无害，可以安心使用。

② 给糖霜上色时，用牙签的头部取已溶于水的色素一点点加入到糖霜中混合着色。对于面糊状色素也是如此。使用粉末色素时，如果不溶于水而直接加入到糖霜中，会造成着色不均匀，所以请一定将粉末溶于水后再使用。

③ 颜色调好后，还要不定时地搅拌糖霜。色素要一点点加入，以调出自己喜欢的颜色，不要一次性加入着色。请注意糖霜晾干后颜色会比刚着色时浓。

● 画法

① 画线的诀窍是，笔尖不太低，稍稍抬起，使线条自然下垂。糖霜的最好状态是在画线的时候不断裂。

② 描点时要把纸袋垂直竖起。挤压力度和剪口的大小请自行调节。

③ 涂面可使用勺子或笔。成功的诀窍在于糖霜的硬度。多试几次就熟练了。

2 巧克力笔

使用巧克力笔可以快速简单地画出喜欢的图案，还可以写字，非常方便。

巧克力笔也分为可凝固型和不可凝固型两种，推荐使用可凝固型的巧克力笔。这样，即使失败的话，将作品放入冷冻箱内凝固，用竹签可取出失败的地方，重新来过。

着色巧克力（我的厨房）
植物提取的天然色素着色的巧克力笔。

● 使用方法

将巧克力笔放入有耐热性的杯子中，将杯子放入40~50℃的热水中融化。没有习惯如何测量温度的话，可以使用温度计测量温度。巧克力笔如果是未使用品，请将出口朝下融化。

轻轻挤压一下巧克力笔的腹部，检查巧克力是否完全融化。完全融化后，可剪开开口使用。

可以先尝试在保鲜膜上画，以降低失败率。

如果巧克力笔书写不顺畅的话，可将巧克力笔放回杯内，取出一些冷掉的热水，再加入些许热水，以求达到所需温度融化巧克力。请注意，如果巧克力笔掉入水中的话，巧克力会因遇水而无法再使用。

● 画法

描点。用剪刀剪掉巧克力笔的前端部分使用，力度和剪口的大小请自行调节。

画线条的诀窍是：笔尖不太低，稍稍抬起，使线条自然下垂。

画动物的耳朵等小零件时，可将烤盘反过来，将保鲜膜紧贴在盘底上，将小零件挤在保鲜膜上即可。

冷却凝固后从保鲜膜上取下即可。

3 奶油

 食材（成品约100g）

奶油.....................100ml
砂糖.....................1大勺

① 将奶油倒入不锈钢盆中，再加入砂糖，在不锈钢盆下再加一个盆，放入冰和水，开始打发奶油。

② 打发奶油，直至凝结到有立体的角为止。将裱花袋和裱花嘴组合好，装入奶油。

③ 将裱花袋的装入口打转锁紧，奶油挤到裱花口处即可。

经典可爱的甜品

Cute Traditional Sweets

说到经典的甜品，就会想到各色烘烤点心，黄油芬香十足，味道温暖素朴，不加任何修饰也会勾起人的食欲，使用奶油、糖霜和水果来装扮一番，让它们变得色彩缤纷，使你不禁跃跃欲试，心跳加速。生日派对、纪念日，还有那些特别的日子里，不如尝试着做一款可爱的蛋糕吧。

绘制家人的脸
微笑杯糕
Smile Cupcakes

a

在黄油中加入砂糖和盐，混合至发白的乳霜状即可。

食材（可制作直径为6cm的马芬杯6个）

基础杯糕

| 无盐黄油 ....80g |
| 砂糖 ....60g |
| 食盐 .... 1小抓 |
| 鸡蛋 ....1个 |
| ┌低筋粉 ....120g |
| └泡打粉 .... 1小勺 |
| 牛奶 .... 3大勺 |

巧克力笔（巧克力色、橘色、蓝色、绿色等） .... 各适量
糖渍红樱桃 .... 适量
彩色果糖 .... 适量

做法

b

打散的鸡蛋分数次加入到面糊中，并在每次完全混合后再次加入蛋液。

1 开始制作基本的杯糕。用打蛋器搅拌黄油，直至黄油呈乳霜的状态，加入砂糖和盐继续搅拌，直至面糊变得有蓬松感（a）。

2 将鸡蛋打散，分3～4次加入到面糊中，并在每次加入后，用打蛋器搅拌面糊，直至完全混合（b）。如果蛋液与面糊分离了，可以加入少量过筛后的低筋粉，以阻止分离。

3 将低筋粉全部加入到面糊中，用打蛋器混合，在还未完全混合前加入牛奶，直至完全混合。（c）

c

还有些许残留的面粉没有完全混合时加入牛奶，继续混合。

预先准备

● 黄油置于室温中，自然软化。
● 低筋粉和泡打粉混合在一起，过两道筛。
● 将烤纸放入马芬的蛋糕模具中。
● 烤箱调至180℃预热。

4 使用冰淇淋勺或勺子将混合好的面糊舀入模具中（d），于180℃预热完成后的烤箱中烤制25～30分钟。将竹签插入蛋糕的正中间，取出查看，如若竹签上没有任何附着物，即可将蛋糕取出。

5 待杯糕完全冷却后，就可以在蛋糕上画上各种面部表情了（e），用红樱桃做脸颊，彩色果糖做鼻子。

d

用冰淇淋勺或勺子将面糊倒入放置好纸杯的模具中。

！冰淇淋勺的说明

冰淇淋勺并不是只在挖雪球时才会用到的道具，对于要平等分割蛋糕面糊、杏仁酱以及奶油状的东西时也可以用到。因为纸杯很深，只要指定一个差不多的量，用冰淇淋勺倒入杯中即可。

e

待杯糕完全冷却后，就可以用巧克力笔在蛋糕上画上各种可爱的表情了。

只要你下功夫，就能做出可爱的小动物们

动物杯糕
Animal Cupcakes

食材 （猪、熊、老虎各两只）

基础杯糕（请参照p13）.........6个
糖霜（请参照p8）.............. 适量
食用色素（红色、棕色、黄色、黑色）
各适量
巧克力笔（巧克力色、黄色、粉色）
.... 各适量
棉花糖（粉色和白色，用作猪的耳朵
和鼻子）......................... 各1个
糖渍红樱桃（脸颊用）.......... 适量
麦丽素（用作熊和老虎的鼻子）4颗

做法

1. 将糖霜放入小盆中，用勺子搅拌至有光泽。调节糖霜的硬度，扩大糖霜覆盖范围。取极少量的水将色素溶解，为糖霜上色，本次使用到的颜色为粉色、黄色和棕色。

2. 将粉色、黄色和棕色的糖霜用勺子涂在杯糕的表面，用勺子将糖霜摊开（a），等糖霜干燥。

3. 制作小零件。将平盆反过来，铺上保鲜膜，使用巧克力笔的巧克力色和黄色，分别画出熊和老虎的耳朵各四只（b）。

4. 2干燥完毕后，用白色的糖霜画出熊的嘴巴，用麦丽素给熊装上鼻子，再使用黑色的糖霜画出熊的脸，用红樱桃做熊的脸颊和耳朵。

5. 用黑色的糖霜画出老虎的轮廓和脸，用麦丽素做它的鼻子和耳朵。

6. 将白色的棉花糖切成薄片，做成猪的鼻子，并用粉色的巧克力笔画出猪的鼻孔。使用黑色的糖霜画出脸部轮廓，并使用剪刀沿斜面剪粉色的棉花糖来制作猪的耳朵，糖霜可以代替胶棒，将耳朵粘贴起来。最后装上红樱桃的脸颊就完成了。

棉花糖（大·小）
色彩缤纷的棉花糖可以做成小动物的耳朵或者鼻子，非常可爱和方便。将棉花糖放在暖暖的饮料上也非常好吃。

将糖霜涂于杯糕表面上后，用勺子推开。

将烤盘反过来，紧密地铺上一层保鲜膜，用巧克力笔画出耳朵。

！烤箱的说明

烤箱有电烤箱，也有天然气烤箱，不仅如此，不同品牌的烤箱，温度和烤制时间都会有所不同。你需要多次使用烤箱，以找到合适的烤制时间和温度。连续不间断地烤制糕点时，从第二次开始，烤箱内存了足够的热量，烤制时间可以稍稍减短一些。将面糊放入烤箱时，请尽量要快，这样才能减小烤箱内热量的流失。也可以一开始将预热温度上调10℃，将面糊放入烤箱内后，再将温度下调10℃。还有最重要的是，为了让完成的面糊能马上放入烤箱，一定不要忘记给烤箱预热！

 ## 混合果干的杯糕 ✦

食材（直径为6cm的马芬模具8个）

无盐黄油	110g
黑砂糖	50g
砂糖	50g
食盐	1/4小勺
鸡蛋	1.5个
┌ 低筋粉	160g
└ 泡打粉	1小勺
牛奶	40ml
└ 混合干果丁	60g

预先准备

● 黄油置于室温中，自然软化。

● 低筋粉和泡打粉混合在一起，过两道筛。

● 烤箱调至180℃预热。

● 将烤纸放入马芬的蛋糕模具中。

做法

1. 用打蛋器将黄油搅拌至成乳霜状后，依次加入黑砂糖、砂糖、食盐，继续搅拌，直至面糊有蓬松感。

2. 将鸡蛋打散，分3～4次加入到面糊中，并在每次加入后，用打蛋器搅拌面糊，直至完全混合。如果蛋液与面糊分离了，可以加入少量过筛后的低筋粉，以阻止分离。

3. 将低筋粉全部加入到面糊中，使用硅胶刮刀搅拌，在还未完全混合前加入牛奶，直至完全混合。

4. 使用冰淇淋勺或勺子将面糊舀入模具中，在180℃预热好的烤箱中烤制25～30分钟。

圣诞老人杯糕与闪电泡芙驯鹿
Santa Claus and Reindeer Eclairs

圣诞老人杯糕

食材（4个）

混合果干的杯糕 4个
香蕉 1根
柠檬汁 .... 少量
┌ 奶油 1杯
└ 幼砂糖 2大勺
草莓（做帽子用）............ 4大个
糖渍红樱桃（做手套用）..... 4个
彩色果糖（做鼻子用）..........2个
巧克力笔（巧克力色、粉色）各适量

做法

1. 香蕉去皮后，切成2~3cm的段，切成片，然后撒上柠檬汁待用。将草莓洗干净后，切除草莓蒂。

2. 将幼砂糖加入到奶油中，再在其下加一个冰水盆，打发奶油直至有立体的角出现。使用冰淇淋勺取1杯奶油，加入香蕉后，盖在杯糕上（a）。

3. 取一个小号星形裱花嘴，与裱花袋配置好后，将剩余的奶油装入裱花袋，挤出圣诞老人的胡须。再在草莓的顶部挤上一点奶油，将其做成帽子，盖在圣诞老人的头上。

4. 彩色果糖切成1cm左右的长度，做成鼻子，使用巧克力笔画上眼睛和脸颊，将红樱桃对半切开后，做成手套。

用冰淇淋勺舀1勺奶油，放入香蕉，再盖在杯糕上。

闪电泡芙驯鹿

食材（4个）

闪电泡芙（超市贩卖品）........4个
奶油 1/2杯
可可粉 2大勺
幼砂糖 1大勺
植物奶油 .... 适量
巧克力笔（巧克力色、黑色）各适量

做法

1. 制作小零件。将烤盘反过来后，紧密地铺上保鲜膜，使用黑色的巧克力笔画上驯鹿的鹿角，使用巧克力色的巧克力笔画上它的耳朵和尾巴。

2. 在不锈钢盆中倒入奶油，再加入可可粉和幼砂糖，将奶油打发直至有立体的角出现。用10mm的圆心裱花嘴，与裱花袋配置好后，用奶油挤出驯鹿的脸部（b）。

3. 使用巧克力笔画上鼻子和眼睛，再将做好的鹿角、耳朵和尾巴组装上（c）。制作圣诞老人时剩下的奶油，挤在驯鹿的胸部。

使用巧克力奶油在闪电泡芙上画出脸部。

将巧克力笔做的鹿角、耳朵和尾巴组装好。

心随所动地作画

糖霜饼干 ✦
Cookies with Icing

在干燥后的糖霜表面上完成的画，能呈现凹凸有致的立体感。

食材（方便制作的份量）

基础饼干的面胚

无盐黄油	100g
幼砂糖	90g
鸡蛋	1/2个
香草精	少量
低筋粉	200g

糖霜（请参照p8）........... 适量
食用色素 .... 适量

预先准备

● 黄油置于室温中，自然软化。
● 将低筋粉过两道筛。
● 准备擀面胚时将烤箱调至170℃预热。

做法

① 黄油搅拌至乳霜状后，加入幼砂糖，搅拌至黄油开始发白。

② 加入鸡蛋、香草精，充分搅拌后，加入低筋粉搅拌均匀。之后，用手将面胚揉合在一起，包上保鲜膜，于冰箱冷藏松弛1个小时。

③ 面胚松弛完毕后，夹在保鲜膜中间，用擀面杖擀至厚约4mm左右即可。

④ 使用饼干模具沾取些许低筋粉（不包含在配方中）按出饼干形状，或用刀将饼干切成块后，把成形的面胚有规矩间隔地摆在铺有烤纸的烤盘上。在已预热至170℃的烤箱中烘烤12～15分钟，饼干周边烤出好看的颜色后，就可以将饼干拿出来了。

⑤ 待饼干完全冷却后，便可以在表面作画了。

！ 用擀面杖擀面胚时一定要尽可能地擀平整。

在面胚两端放置两个同样高度的棍棒，便可以擀出较平整的面胚。

●饼干上作画

饼干的模具非常之多。选择一个自己喜欢的模具造型，用其制作饼干，然后使用糖霜或者巧克力笔在上面作画。在没有饼干模具的时候，也可以取硬纸，在硬纸上画图制作成模具纸后，可按照模具纸的样子切出有造型的饼干。

●在饼干上练习涂糖霜

可使用笔或者勺子涂糖霜。

先使用较硬的糖霜，描出边框，在边框围住的内部加入软化的糖霜。使用这个方法，每次完美地描出漂亮的边框时都会让人兴奋不已，并且能画出有立体感的糖霜饼干。

如何巧妙使用圆锥纸袋
装有糖霜的圆锥纸袋的裱花口处，如果糖霜干燥变硬了，纸袋就无法再使用了。可以将厨房纸打湿，拧干水后铺在杯子中，再将圆锥纸袋立在其中即可。

●将饼干作为画布来作画

在没有模具的情况下，可以根据自己的喜好决定面胚的大小和形状来烤制饼干，再使用糖霜或者巧克力笔在饼干上作画。

制作平板画的情况……

装饰

用饼干做基部，在糖霜干燥前，用不同颜色的糖霜画图后，表面会凹凸不平，可画出平板画。

作画画得好的诀窍

1 将糖霜软化时所使用的糖霜硬度都是一样的（使用硬度不一的糖霜，水分发生移位，颜色会相互沁染，影响美观）。

2 使用不同颜色画图，在糖霜干燥前，使用牙签可以牵扯出各种图案。

1

2

饼干吸收果酱的水分后会变得湿润美味

果酱夹心动物饼干 ✳

Animal Jam Sandwich Cookies

在擀面胚时，面胚如果过于柔软，可以用保鲜膜包着，放入冷冻室中冷却，这样再使用模具按印时会方便很多。

🔹 食材 (10个)

无盐黄油 100g
糖粉 40g
牛奶 1大勺
杏仁粉 30g
低筋粉 150g
自己喜欢的果酱 .... 适量
巧克力笔（黑色、白色）... 各适量

预先准备

● 黄油置于室温中，自然软化。

● 糖粉和低筋粉，分别过两道筛。

● 准备擀面胚时将烤箱调至170℃预热。

🔹 做法

① 使用打蛋器将黄油搅拌至呈乳霜状。加入糖粉后继续搅拌，直至面糊变白，变得有蓬松感。

② 加入牛奶继续搅拌，完全混合后，加入杏仁粉，使用打蛋器搅拌均匀。

③ 加入低筋粉后，使用刮刀混合面糊，直至粉状物完全消失。用保鲜膜将面胚包裹好放入冰箱冷藏1小时。

④ 使用比面糊面积大的保鲜膜，将面胚夹在中间，并使用2mm厚的小纸板，置于面胚两侧，擀面杖架在纸板上将面胚擀平。

⑤ 使用长方形模具（45×70mm）按出20片饼干，其中10片先放入170℃的烤箱内烤制12～15分钟。将剩下的10片放在烤纸上，使用动物模具将饼干的中心部分按出（a）。按出的动物形饼干放入170℃的烤箱内烤制8～9分钟。

⑥ 烤好的饼干完全冷却后，加入喜爱的果酱，再使用巧克力笔给动物涂上面部表情。

直接在烤盘上使用模具按制饼干的话，饼干不会在烤制期间弯曲变形。

使用2片饼干夹果酱时，可以将果酱与炼乳混合，使颜色有更多变化。

口齿留香的美味饼干

小狗杏仁饼干
Doggy Almond Cookies

🐾 食材（12个）

无盐黄油 40g
幼砂糖 50g
鸡蛋 1/2个
奶油 1大勺
低筋粉 40g
杏仁片 80g
巧克力笔（巧克力色、粉色）各适量

预先准备

● 将杏仁片于160℃的烤箱中烤10分钟
　或者使用面包机快速加热。选取形状
　无损坏完整的杏仁片（24片）。
● 低筋粉过两道筛。
● 烤箱调至160℃预热。

🐾 做法

1. 将黄油隔水加热至融化，加入幼砂糖
　后，使用打蛋器混合。按鸡蛋、奶油
　的顺序依次将食材加入并混合。

2. 加入低筋粉，使用打蛋器混合面糊，
　至完全混合后，取出少量面糊，将做
　耳朵用的杏仁片粘在面糊上。使用
　勺子将剩余的面糊与剩余的杏仁片混
　合。

3. 在烤盘中铺上烤纸，先将做成耳朵的
　杏仁片摆好，再将按好的狗的脸部的
　面糊置于其下。在160℃的烤箱中烤
　制15～20分钟。

4. 使用巧克力笔将面部表情画上即可。

先将做成耳朵的杏仁片摆好，再
将按好的狗的脸部的面糊置于其
下。

松脆爽口、受人喜爱

狮子饼干
Lion Cookies

食材（15个）

杏仁奶油

┌ 无盐黄油 40g
│ 幼砂糖 40g
│ 鸡蛋 1个
└ 杏仁粉 40g

蛋白酥

┌ 蛋白 2个
│ 幼砂糖 30g
│ 杏仁粉 50g
└ 糖粉 30g

椰丝 50g
黄桃果酱 .... 适量
基本的糖霜（请参照p8）...... 适量
麦丽素（做鼻子用）............15个
巧克力笔（巧克力色）.......... 适量

预先准备

●黄油置于室温中，自然软化。
●糖粉和杏仁粉分别过筛，待用。
●将烤箱调至170℃预热。

做法

1️⃣ 制作杏仁奶油。将室温软化好的黄油放入不锈钢盆内，使用打蛋器搅拌黄油至乳霜状后，加入幼砂糖继续搅拌，直至面糊变白。

2️⃣ 将打散的鸡蛋一点点加入到面糊中混合，完全加入混合好后，将过筛后的杏仁粉加入到面糊中，搅拌均匀。

3️⃣ 制作蛋白酥。将蛋清放入不锈钢盆中，使用电动打蛋器将蛋清打散后，将幼砂糖分数次加入到蛋清中打发，直至蛋白能拉出立体的角（a）。将杏仁粉和糖粉加入到面糊中，稍作搅拌后，将面糊装入裱花袋中，裱花嘴使用10mm的圆形裱花嘴。

4️⃣ 在烤板上铺上烤纸，将蛋白酥挤出15个圆环。将椰丝撒在圆环上，并将多余的椰丝抖落出来（b）。

5️⃣ 使用勺子，把杏仁奶油舀入圆环的中心部位（c），将烤板于170℃预热好的烤箱内烤制15~20分钟。

6️⃣ 饼干冷却后，用毛刷蘸取黄桃果酱涂于饼干上（d）。

7️⃣ 使用糖霜将鼻子的部分画出（e），将麦丽素的鼻子粘好。再用巧克力笔画出眼睛和嘴巴即可。

蛋白酥要打发至可以拉出立体的角为止。

将烤板斜放，将多余的椰丝抖落。

使用勺子将杏仁奶油舀入圆环的中心部位。

使用勺子将黄桃果酱涂在冷却后的饼干上面。

使用圆锥形纸袋将装好的糖霜挤出。

栗子红薯塔饼

Chestnut and Sweet Potato Tart

食材（直径为18cm的塔饼模具1个）

基本的塔皮

┌ 无盐黄油 50g
│ 幼砂糖 40g
│ 鸡蛋 1/2个
└ 低筋粉 100g

去皮栗子 **120g**
红薯（已去皮） 100g

塔馅

┌ 鸡蛋 1个
│ 砂糖 2大勺
│ 奶油 100ml
└ 栗子酱 50g

椰丝 25g

栗子的装饰

┌ 红薯（已去皮） 100g
│ 栗子酱 40g
└ 巧克力砖 1片
巧克力笔（巧克力色、黑色） 各适量

预先准备

● 黄油置于室温中，自然软化。

● 低筋粉过两道筛。

● 烤箱调至200℃预热。

做法

1. 制作塔皮。将黄油搅拌至乳霜状，加入幼砂糖，混合至面糊变白。加入打散的鸡蛋，至面糊完全混合后，加入过筛的低筋粉，稍作搅拌，最后用手将面胚揉成一个球。使用保鲜膜，将面胚包好，放入冰箱冷藏一小时。

2. 保鲜膜包裹着塔皮面胚，用擀面杖将面胚擀至3mm的厚度，铺在模具上。将面皮完全贴紧模具，尽量没有空隙，将多余的部分切除。最后，使用叉子在底盘上均匀地扎上小洞（a）。

3. 用手将栗子碾碎，红薯切成一口能吃掉的大小后置于清水中稍作清洗，放在网筛上，再用厨房纸将水擦干。

4. 制作塔馅。将鸡蛋打在不锈钢盆内，打散后，按砂糖、奶油、栗子酱的顺序依次加入盆内混合。

5. 将栗子和红薯放入塔饼模具内，然后倒入塔馅（b），最后把椰丝均匀地撒在塔馅表层。把模具置于200℃的烤箱内烤制35~45分钟。

6. 制作栗子的装饰。红薯切成长约3cm的菱角形置于清水中稍作清洗，用网筛取出放在有耐热性的不锈钢盆内。铺上保鲜膜、使用微波炉，调至500w，加热3分钟后取出，并使用网筛滤细。与栗子酱混合，如若面糊偏干，可加入少量牛奶或者奶油（不在配方计量内），混合好的面胚，搓成栗子的形状即可。

7. 将搓好的栗子如图，蘸取隔水加热而融化好的巧克力（c），晾于网上。放入冰箱冷藏柜冷却，最后用黑色的巧克力笔将表情画在栗子上。

8. 制作巧克力叶子。如图所示，将保鲜膜随意地铺在玻璃杯上，用巧克力色的巧克力笔在杯子上画出叶子的形状（d）。将杯子放到冰箱冷藏柜冷却，待巧克力变硬后取下即可。

9. 将做好的栗子和巧克力叶子装饰在烤好的塔饼上。

使用叉子在底盘上尽量多地扎上小洞，以防止底部有空气混入，烤出凹凸不平的塔饼。

栗子和红薯均匀地摆在模具内，倒入塔馅。

在装饰好的栗子的上半部分蘸取融化的巧克力冷却。

利用玻璃杯的弧度，可以制作出有立体感的叶子。

杏仁奶油与洋梨是绝配

洋梨微笑塔饼
Smiling Pear Tart

食材（直径为12cm的塔饼模具4个）

基本的塔皮
- 无盐黄油 50g
- 幼砂糖 40g
- 鸡蛋 1/2个
- 低筋粉 100g

杏仁奶油
- 无盐黄油 50g
- 幼砂糖 50g
- 鸡蛋（M） 1个
- 朗姆酒 1小勺
- 杏仁粉 60g

洋梨（罐头小洋梨） 4个
黄桃果酱 .... 适量
巧克力笔（巧克力色、粉色、黄色、蓝色） .... 各适量
糖渍樱桃·薄荷 .... 各适量

预先准备
- 黄油置于室温中，自然软化。
- 烤箱调制170℃预热。

做法

1. 做塔饼（请参照P25）。保鲜膜包裹着塔皮面胚，用擀面杖将面胚擀至2mm的厚度，铺在模具上。将面皮完全贴紧模具，尽量没有空隙，将多余的部分切除（a）。最后，使用叉子在底盘上均匀地扎上小洞。

2. 制作杏仁奶油。将软化好的黄油放入不锈钢盆内，使用打蛋器搅拌黄油至乳霜状后，加入幼砂糖继续搅拌，直至面糊变白。一点点加入打散的鸡蛋，一边加入一边混合，完全混合后，依次加入朗姆酒、杏仁粉，并混合好。

3. 在铺好塔饼面皮的模具内倒入杏仁奶油、然后取两个洋梨，分别对半切开，取出梨心后，将栗子放在模具中央。

4. 将模具置于170℃预热好的烤箱中烤制25~30分钟。

5. 在烤好的塔饼表面涂上黄桃果酱（c），使用巧克力笔画出表情和图案。

6. 使用糖渍樱桃做脸颊，并在洋梨的顶部黏上薄荷即可。

可以使用擀面杖沿着塔饼模具压铺好的面皮，以便去除多余的面皮。

将去除掉梨心的洋梨放在杏仁奶油上。

烤好的塔饼不烫手后就可以涂上果酱，让塔饼有光泽度，看起来美味可口。

在各种挑战中享受制作的乐趣吧！

苦涩巧克力的豪华味道

小熊巧克力塔饼
Chocolate Teddy Bear Tart

食材（直径为12cm的塔饼模具8个）

塔皮
- 无盐黄油 50g
- 幼砂糖 40g
- 鸡蛋 1/2个
- 低筋粉 95g
- 可可粉 10g

甘纳许
- 蛋糕制作专用巧克力 70g
- 奶油 100ml
- 白兰地 1小勺

巧克力笔（黑色、白色）... 各适量

预先准备

● 黄油置于室温中，自然软化。

● 将巧克力切碎待用。

● 烤箱调至190℃预热。

做法

1. 制作塔饼（请参照P25）。保鲜膜包裹着塔皮面胚，用擀面杖将面胚擀至2mm的厚度，铺在模具上。将面皮完全贴紧模具，尽量没有空隙，将多余的部分切除。

2. 在铺好的面皮上放上杯糕用的纸杯，并在纸杯上放上重物（a）。将模具置于190℃预热好的烤箱内烤制约15分钟。

3. 使用圆形裱花嘴在剩余的面皮上按出16片圆形，搓成耳朵的形状做熊的耳朵（b）。置于190℃预热好的烤箱内烤制5~6分钟取出待用。

4. 制作甘纳许。在锅子里放入切碎的巧克力和奶油，开小火加热。巧克力完全融化后，关火，并加入白兰地混合。

5. 将做好的甘纳许倒入烤好的塔中，放入冰箱冷藏柜中冷却。

6. 使用巧克力笔画出熊的表情，并装饰好耳朵即可。

在杯糕用的纸杯内放入重物，放在面皮上，空烤面皮。

使用圆形裱花嘴在剩余的面皮上按出圆形，搓成耳朵的形状，做熊的耳朵。

微笑蛋卷
Smiling Swiss Roll

食材（8个）

基本的海绵蛋糕
（27×20cm的烤板1个）
- 鸡蛋 3个
- 幼砂糖 45g
- 低筋粉 50g

焦糖卡仕达酱
- 幼砂糖 25g
- 水 1小勺
- 奶油 30ml
- 牛奶 500ml
- 香草籽 .... 少量
- 蛋黄 4个
- 幼砂糖 100g
- 低筋粉 50g

巧克力笔（巧克力色）.......... 适量
糖渍樱桃（鼻子用）...............2个
草莓（脸颊用）................. 8小个
薄荷 .... 适量

预先准备
- 将不同配方的低筋粉分别过两道筛。
- 在烤板内铺上烤纸。
- 取出香草荚内部黑色的籽，待用。
- 烤箱调至200℃预热。

做法

1. 制作海绵蛋糕。将鸡蛋打入不锈钢盆内，盆放在热水上，使用电动打蛋器将蛋液打散（a），再加入幼砂糖打发蛋液。

2. 途中，可将手指放入蛋液中，若比体感温度高，就可以将盆从热水中取出，继续打发蛋液，直至打发的面糊能够画出线条并不消失为止。

3. 已过筛的低筋粉再一次置于网筛中，一边筛一边加入面糊中（c），使用硅胶刮刀由下至上地搅拌面糊，混合低筋粉。

4. 将混合好的面糊倒入烤板中（d），置于200℃的烤箱中烤制10~12分钟。烤好后将蛋糕放在蛋糕架上，并将烤板从蛋糕上取下。

5. 制作焦糖卡仕达酱。取一个小锅，将幼砂糖和水放入锅内，开中火熬煮。待幼砂糖完全融化，并焦至红茶色后，加入奶油搅拌，关掉火即可。

6. 取另一个锅，将牛奶倒入锅中，并加入从香草荚中取出的香草籽，开中火熬煮牛奶，在牛奶快要沸腾前关掉火。

7. 取一个不锈钢盆，在盆中加入蛋黄和幼砂糖，使用打蛋器将蛋液打至发白。已过筛的低筋粉再一次置于网筛中，一边筛一边加入到蛋液中，混合好后，将⑥的牛奶一点点地加入到面糊中混合，再将面糊一边过滤一边倒回锅内，开中火加热熬煮。

8. 使用木制刮刀搅拌、加热的过程中，混合物会逐渐变粘稠，待面糊表面变得平滑，并有光泽后关火。与⑤混合，倒入烤板中，将保鲜膜紧贴在卡仕达酱上，放入冰箱冷藏柜中冷却。

9. 装饰。冷却后的焦糖卡仕达酱再次用硅胶刮刀稍作搅拌。

10. 将海绵蛋糕较短的两边各切掉1cm，把蛋糕放在烤纸上。将较长边对着自己放置好，把搅拌后的焦糖卡仕达酱倒在蛋糕中心部位，双手抓住长边向上拉起，将蛋糕滚成圆（e），用烤纸将蛋糕卷好，再在外层包裹一层锡箔纸，放入冰箱冷藏2小时。

11. 将冷藏好的蛋糕取出，切成八等份，放在碟子上，使用巧克力笔画出面部表情。使用圆形裱花嘴在糖渍樱桃上按出做鼻子的部分，使用草莓做脸颊，再在头部黏上薄荷即可。

a
鸡蛋于热水上温热打发，可以使打起的泡坚固、不容易消失。

b
使用电动打蛋器打发蛋液至能画出线条为止，并且线条不消失。

c
将低筋粉均匀地涂于面糊表面，可以使面糊的混合更加充分。

d
将面糊倒到烤板上后，使用刮板将表面抹平。

e
双手抓住长边向上拉起，将蛋糕滚成圆。

草莓牛奶口味的可爱蛋糕
蜂蜜迷你蛋卷
Honeybee Mini Swissroll

食材（5个）

鸡蛋 2个
幼砂糖 40g

A
[低筋粉 18g
[食用色素（黄色）............ 少量
B
[低筋粉 13g
[可可粉 5g

草莓奶油
[奶油 60ml
[炼乳 .... 1～2大勺
[草莓 .... 6颗（中）
黄色棉花糖（脸部用）............3个
巧克力笔（黑色、白色、巧克力
色、粉色）...................... 各适量

预先准备
● A中的低筋粉、B中的低筋粉和可可粉
  混合后，分别过筛两道。
● 烤箱调至200℃预热。
● 准备两个10mm直径的圆形裱花嘴和
  两个裱花袋，组合好，待用。

做法

1. 将平盆反过来，铺上保鲜膜，尽量不要有气泡，使
   用白色的巧克力笔画出10个羽毛，黑色的巧克力
   笔画10个触角于盆上（请参照p10）。将棉花糖切
   成两半，用巧克力笔在上面画上表情，再将做好的
   触角插在棉花糖上即可。

2. 制作两种颜色的海绵蛋糕。将两个蛋一起打入不锈
   钢盆中，将蛋清和蛋黄分开。用电动打蛋器将蛋清打
   散。使用一半量的幼砂糖，将其分几次加入到蛋清
   中，打发蛋清，直到蛋清能拉出立体的角为止。将剩
   余的幼砂糖加入蛋黄中，打至蛋黄变得有厚重感后，
   再将蛋黄加入到蛋清中混合。

3. 将2分为两等份，一份与A中材料混合，稍作搅
   拌，装入到裱花袋中。另一份与B中材料混合，稍
   作搅拌，装入另一个裱花袋中。

4. 在烤板中铺上烤纸，在烤纸上分别使用A与B交替
   挤出长18cm的长条（a）。挤好后将烤板于200℃
   的烤箱中烤制8～10分钟。

5. 制作草莓奶油。将奶油打发至厚重感，加入炼乳
   和切成小丁的草莓，混合即可。

6. 将草莓奶油铺在4的海绵蛋糕上，迅速卷起，对接
   口朝下，将蛋卷分为5等份装在盘中。

7. 将做好的棉花糖和巧克力翅膀装饰在蛋糕上即可。

使用圆形裱花嘴将两种颜色的面
糊相互交替挤18cm的长条。

使用巧克力笔在棉花糖上画上表
情，把触角装在棉花糖上后，再
将棉花糖黏在蛋糕做的身体上。

会微笑的可爱的小点心

动物手指蛋糕 ✦
Animal Stick Cake

食材（27×20cm的烤板1个）

无盐黄油 100g
幼砂糖 70g
黑糖 70g
鸡蛋 2个
┌ 低筋粉 200g
│ 食盐 1/4小勺
└ 泡打粉 2小勺
核桃 30g
香蕉（熟透） 2大根
柠檬汁 .... 少量
植物奶油 .... 适量
食用色素（黄色、红色、绿色等）
.... 各适量
巧克力笔（巧克力色、粉红等）各适量

预先准备

● 黄油置于室温中，自然软化。
● 黑糖过筛后待用。
● 低筋粉与食盐、泡打粉混合，过两道筛。
● 将核桃置于锡箔纸上，于烤面包机内迅速烤干，粗略地切碎即可。
● 香蕉去皮，用叉子将其捣烂，加入柠檬汁待用。
● 在模具内铺上烤纸。
● 烤箱调至200℃预热。

做法

1. 将黄油放入不锈钢盆内，搅拌至乳霜状。加入幼砂糖和黑糖搅拌至有蓬松感。

2. 将鸡蛋打散，一点点加入到面糊中，充分搅拌。途中若鸡蛋与黄油发生分离，可加入少量低筋粉以阻止分离的继续恶化。

3. 先加入过筛好的低筋粉约1/3量，稍作搅拌，混合好后加入1/2的香蕉。过程中按照核桃—面粉类—香蕉—面粉类的顺序交换混合均匀。

4. 将做好的面糊倒入模具中，于200℃的烤箱中烤制30~35分钟。

5. 将烤好的蛋糕从模具中取出，冷却，切成条形，用植物奶油挤上喜欢的动物即可。使用巧克力笔可以做出耳朵等小零件，画出面部表情（请参照p10）。

酸酸甜甜刚刚好、柔软的冷式甜点

青蛙大家族蛋糕
Big Frog Family Cake

食材（直径为18cm的慕斯圈1个）

海绵蛋糕

（直径为18cm、厚1cm。请参照
p30）..............................1片
┌ 吉利丁 5g
└ 水 3大勺
奶油 120ml
奶油奶酪 200g
砂糖 60g
酸奶 100ml
柠檬汁 1小勺

装饰用

┌ 奶油 80ml
└ 砂糖 2小勺
哈密瓜 ....适量
巧克力笔（巧克力色、白色）各适量

预先准备

● 吉利丁与水混合，浸泡待用。
● 奶油奶酪置于室温中，自然软化。
● 将海绵蛋糕置于慕斯圈内待用。

做法

1. 浸泡好的吉利丁置于热水上融化。将奶油打发至有厚重感。

2. 将奶油奶酪放入不锈钢盆内，使用打蛋器搅拌至乳霜状，依次加入砂糖、酸奶和柠檬汁。最后加入融化好的吉利丁，混合好后加入打发好的奶油，最后倒入慕斯圈内（a），放入冰箱冷藏柜内冷却凝固。

3. 制作装饰用的青蛙。使用挖球勺（大号）在哈密瓜上挖取8个球作为青蛙的头部，在头顶部，按照眼睛的大小稍稍挖取两个缺口（b）。使用挖球勺（小号）挖取16个球，用事先准备好的巧克力笔涂上眼睛，黏在大球形哈密瓜的上面。使用花型饼干模具，按出8个花型用来装置在青蛙的下面。

4. 制作装饰用的植物奶油。将砂糖加入到奶油中，打发奶油至有厚重感。

5. ②制作的面糊凝固后，将慕斯圈取掉，将④涂到蛋糕的表面（c）。

6. 先在蛋糕上放8个花型哈密瓜，再将青蛙置于其上即可。

将奶油奶酪倒入内嵌好海绵蛋糕的慕斯圈中。

使用挖球勺挖取哈密瓜作为青蛙的头部，在装置眼部的地方挖两个缺口。

奶油奶酪凝固好后，取下慕斯圈，在表面涂上植物奶油加固。

❗ **如果没有海绵蛋糕的话 …**

如果没有海绵蛋糕，可以取消化饼干（70g）装入较厚的塑料袋中，用擀面杖将其捣碎，加入融化的黄油（50g），混合好，平铺于慕斯圈底部即可。

充足的焦糖奶油风味

小狗巴伐利亚蛋糕
Doggy Babaloa Cake

🏷 食材（6个）

可可味海绵蛋糕（请参照p32）
（27×20cm的烤板1个）

┌ 低筋粉	45g
└ 可可粉	10g
鸡蛋	3个
└ 幼砂糖	45g

巴伐利亚布丁

┌ 牛奶	200ml
│ 幼砂糖	35g
└ 香草籽	少量
蛋黄	1个
幼砂糖	2大勺
┌ 吉利丁	5g
└ 水	1大勺
└ 奶油	50ml

焦糖奶油

┌ 幼砂糖	45g
│ 水	1小勺
└ 奶油	150ml
美国樱桃（罐装、做鼻子用）....	3个
巧克力笔（巧克力色、黑色）各适量	

> 多余剩下的海绵蛋糕可以用保鲜膜包好，装入食品袋中，放入冰箱冷冻，能保存2~3个星期。

预先准备
● 吉利丁与水混合，浸泡待用
● 将可可海绵蛋糕置于水滴形慕斯圈内待用。
● 取出香草荚内部黑色的籽待用。

🏷 做法

1. 制作巴伐利亚布丁。取一个小锅，将牛奶和幼砂糖、香草籽放入锅内，加热至牛奶快要沸腾，关火。

2. 取一个不锈钢盆，将蛋黄和幼砂糖混合，蛋黄打发至颜色变白，将①的食材倒入不锈钢盆中。再将面糊过筛倒回锅中，开中火加热。一边搅拌一边熬煮混合物，混合物有变稠的迹象时关火，加入融化好的吉利丁。

3. 奶油打发至有厚重感。制作一个冰水盆，将②的锅放在冰水盆上，一边搅拌一边冷却，混合物变得粘稠后加入奶油混合，再倒入慕斯圈中，放入冰箱冷藏柜冷却凝固（a）。

4. 制作焦糖奶油。在小锅中放入幼砂糖和水，开中火加热。糖水变为红茶色泽后加入奶油混合（b），再将混合物倒入不锈钢盆中，放入冰箱冷藏柜冷却。奶油冷却后，使用电动打蛋器将奶油打发至奶油可以画出线条的硬度后，将奶油装入裱花袋中，此裱花袋使用小号的星形裱花嘴。

5. 取下凝固好的③慕斯圈。将布巾放入较热的热水中，取出来拧干，敷在慕斯圈周围，将慕斯圈加热以取下（c）。将④的焦糖奶油如图挤出（d），使用美国樱桃做成鼻子，用巧克力笔画出眼睛和耳朵，装配好即可（请参照P10）。

将做好的巴伐利亚奶糊倒入已嵌好海绵蛋糕的慕斯圈。

幼砂糖加热焦变为红茶色泽后加入奶油混合好。

在慕斯圈周围包上热布巾，使慕斯稍稍融化，即可方便的取下慕斯圈。

使用小号星形裱花嘴将焦糖奶油挤满蛋糕表面。

口感十足、抹茶风味的巴伐利亚蛋糕
野猪亲子蛋糕
Pig and Piglet Cake

食材（8cm×21cm磅蛋糕模1个）

抹茶味巴伐利亚布丁
┌ 抹茶 1大勺
└ 热水 2大勺
牛奶 200ml
蛋黄 2个
幼砂糖 60g
┌ 吉利丁 10g
└ 水 3大勺
└ 奶油 180ml

可可海绵蛋糕
（请参照p37）.................. 适量
┌ 粉末型植物奶油..........2/3量杯
└ 可可粉 ....1~2大勺
巧克力笔（黑色、巧克力色、粉色）.......................... 各适量
抹茶粉 .... 适量
装饰用水果（草莓、哈密瓜、奇异果等）.......................... 适量
香叶芹 .... 适量

a

巴伐利亚布丁上铺一层海绵蛋糕，稍稍压一下，放入冰箱冷却凝固

b

在巴伐利亚蛋糕上撒一层抹茶粉，分别使用大号和小号的圆形裱花嘴挤出野猪一家的身体。

预先准备
●吉利丁与水混合，浸泡待用。
●将可可海绵蛋糕按照磅蛋糕模的形状切好待用。

做法

1 制作抹茶巴伐利亚布丁。将热水加入到抹茶粉中混合成糊状，再加入牛奶放入锅中加热，在牛奶快要沸腾前关火。

2 取一个不锈钢盆，将蛋黄和幼砂糖混合，蛋黄打发至颜色变白，将1的食材倒入不锈钢盆中。再将面糊过筛倒回锅中，开中火加热。一边搅拌一边熬煮混合物，混合物有变稠的迹象时关火，加入融化好的吉利丁。

3 奶油打发至有厚重感。制作一个冰水盆，将2的锅放在冰水盆上，一边搅拌一边冷却，混合物变得粘稠后加入奶油混合，再倒入磅蛋糕模具中。

4 将可可海绵蛋糕盖在巴伐利亚布丁上，稍作挤压（a），将模具放入冰箱冷藏柜冷却凝固。

5 将毛巾放入温水中，取出拧干，裹在模具周围，将巴伐利亚布丁倒过来取出放在盘子上，将抹茶粉放在茶筛内，粉撒在蛋糕表面。

6 制作奶油，混合好可可粉后，先只用口径为10mm的圆形裱花嘴在5上挤出5个细长的椭圆型，再使用口径为15mm的圆形裱花挤出一个一个大的椭圆形（b）。

7 使用巧克力笔制作出野猪的鼻子、耳朵、尾巴和眼睛，组装在动物的身体上（请参照p10）。野猪周围可以用草莓、奇异果和香叶芹装饰。

草莓变身为圣诞老人！只是看着，都会感到幸福

圣诞老人蛋糕

Santa Claus Christmas Cake

食材 (1个)

基本海绵蛋糕 1片
（请参照P31）

巧克力奶油
┌ 奶油 300ml
└ 巧克力糖水 5大勺

可可粉 2大勺
┌ 草莓 1盒
草莓圣诞老人
└ 草莓 3颗
植物奶油 .... 适量
巧克力笔（巧克力色、粉色）各适量

做法

1. 将海绵蛋糕分成四等份，做成条状待用。

2. 制作巧克力奶油。将奶油倒入不锈钢盆内，加入巧克力糖水和可可粉混合，在不锈钢盆下再加一个冰水盆，将奶油打发至有厚重感即可。

3. 将巧克力奶油抹在海绵蛋糕上后，再把切片的草莓如图铺在奶油上（a）。

4. 将蛋糕放在盘子上，如图迅速卷起。

5. 重复刚才的动作，将蛋糕卷起，做为蛋糕胚，在其侧面涂上巧克力奶油（c）。

6. 制作草莓圣诞老人。切掉草莓的蒂部，横着将草莓切为两半。在裱花袋中装入植物奶油，使用口径为15mm的圆形裱花嘴，挤上圣诞老人的脸部。在草莓有尖顶的部分，切掉顶部，使用小号星形裱花嘴，挤上奶油做成帽子后盖在头上。使用巧克力笔画出胡须和表情，将做好的圣诞老人放在蛋糕上。

将巧克力奶油抹在海绵蛋糕上后，再把切片好的草莓铺在奶油上。

将蛋糕放在盘子上，涂了巧克力奶油的面朝内迅速卷起。

在做好的蛋糕胚的侧面满满的涂上巧克力奶油。

切掉草莓的蒂部，再横着切开，挤上植物奶油，做成圣诞老人。

特别造型的泡芙中加有柔软的奶油

鳄鱼泡芙
Crocodile Cram Puffs

食材（8个）

泡芙
- 水 60ml
- 无盐黄油 40g
- 食盐 .... 少量
- 低筋粉 45g
- 鸡蛋 ....2～2.5个

杏仁片 .... 适量

卡仕达奶油
- 牛奶 200ml
- 香草籽 .... 少量
- 蛋黄 2个
- 幼砂糖 60g
- 低筋粉 20g
- 奶油 50ml

巧克力笔（巧克力色、白色）各适量

预先准备
● 低筋粉过两道筛待用。
● 取出香草荚内部黑色的籽待用。
● 烤箱调至190℃预热。

做法

1. 制作泡芙。在锅中放入水、黄油和食盐，开大火加热。溶液沸腾后，将过筛后的低筋粉一次性全部加入到锅中（a），使用木制刮刀将面糊充分搅拌。然后开小火，继续搅拌面糊，直至锅底部开始出现薄膜，关火。

2. 将打散的鸡蛋一点点加入到面糊中，使用木制刮刀充分搅拌（b）。这个动作需重复多次。

3. 用木制刮刀拾取面糊，面糊从刮刀上落下，形成漂亮的倒三角形（c）。将面糊一小部分装入圆锥形纸袋中，剩余部分装入使用口径为15mm的圆形裱花嘴的裱花袋中。

4. 在烤板上铺上烤纸，如图挤出8个鳄鱼的形状，使用圆锥形纸袋挤上鳄鱼的脚（d），将杏仁片插在尾巴的位置即可。

5. 用喷雾器喷洒水雾，将烤板置于190℃的烤箱中烤制20分钟后，将温度降为170℃烤制15～20分钟，再利用余温使泡芙表面变干燥。在烤泡芙时绝对不可以将烤箱门打开。因为一打开箱门，烤箱内温度就会迅速下降，使泡芙不再膨胀，甚至会扁塌下来。

6. 制作卡仕达奶油。在锅中放入牛奶和香草籽，加热至快要沸腾关火。取一个不锈钢盆，将蛋黄和幼砂糖混合，蛋黄打发至颜色变白。在这里加入低筋粉混合好后，加入热好的牛奶，再将面糊过筛倒回锅中。开中火加热，一边搅拌一边熬煮混合物，混合物有变稠的光泽慢慢出现时关火，将面糊倒入平盆中摊开，盖上保鲜膜后放入冰箱冷藏柜冷却。

7. 奶油打发至有厚重感，与冷却后的面糊混合好后，装入裱花袋中，裱花嘴使用圆形的。

8. 使用裱花嘴在烤好的泡芙底部开上小洞，将奶油挤进去（e）。使用巧克力笔画出表情。

将低筋粉一次性全部加入锅中，使用木制刮刀将面糊充分搅拌均匀。

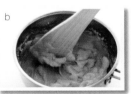

打散的鸡蛋一点点加入面糊中，使用木制刮刀充分搅拌。

带起的面糊在掉落时，能够拉出三角形的硬度即可。

用装在裱花袋里的面糊挤出身体的形状，使用圆锥形纸袋挤出脚的形状。

使用裱花嘴在烤好的泡芙底部撮出一个小洞，将奶油挤进去。

杯子中散发出的治愈时光

特制卡布奇诺 ✳

Specialty Cappuchinos

看到咖啡师"刷刷刷"地在卡布奇诺上作画的时候
我就想，我也能做得到
不过比较困难的是打牛奶的泡沫
即使是专用的手制卡布奇诺打泡器
一不留神也会把牛奶打过头，变得很蓬
如果不使用专用的机器
则更难打出细腻泡沫的牛奶
我要做一款谁都可以简单画出漂亮图案的卡布奇诺！

就叫它『治愈系卡布奇诺』吧

先将意式咖啡倒入杯中，将热好的牛奶缓慢倒入咖啡中，加至八分满的位置。
在上面加上打发的奶油，奶油的硬度要比较软，即使画线条也会马上消失的样子，
再使用巧克力糖浆画上画就可以了！
重点就是奶油不可以太硬
要使用细腻的泡沫
巧克力糖浆装入圆锥形纸袋就可以作画了
一定要试一试哦！

Part.2

Q弹沁心的甜品

Cute Cold Sweets

精致美观的西式餐具，口感顺滑的西式糕点，在炎热的季节要清凉爽口。在寒冷的冬季待在温暖的室内品尝，也别有一番风味。搭配健康的琼脂和超市里买来的冰激凌，制作出让人一看就开心的清凉糕点。做法也很简单哦！一定要实际体会下亲手制作的快乐。

萌宠果冻
Animal jelly

小猪的草莓牛奶果冻

食材（4人份）

牛奶 500ml
粉状琼脂 2g
砂糖 50g
草莓 300g
柠檬汁 1小勺
砂糖 60g
水 200ml
粉状琼脂 2g
炼乳 2大勺
草莓（做鼻子、脸颊、帽子用）适量
巧克力笔（巧克力色、粉色）各适量
奇异果（做衣领用）........... 适量

做法

1. 在锅中放入牛奶和粉末琼脂，一边搅拌一边加热。待溶液沸腾后转小火，继续煮2分钟后加入砂糖，砂糖融化后关火，将溶液倒入平盆（21cm×27cm）中凝固待用。

2. 将草莓洗净，切除蒂部，与柠檬汁、砂糖混合放入搅拌机中搅拌。

3. 在锅中放入水与粉末琼脂，一边搅拌一边加热。待溶液沸腾后转小火，继续煮2分钟，加入炼乳充分搅拌后关火。与2的混合物混合后倒入1的平盆，放入冰箱冷藏柜冷却凝固。

4. 使用直径约为10cm的圆形模具，将凝固的果冻按4个圆形放入玻璃容器内，使用小号圆形模具按出半月形的耳朵，组装好。使用草莓做成帽子、鼻子和脸颊，再使用巧克力笔画上眼睛、嘴巴和鼻孔。使用奇异果做成衣领。

使用大号和小号的圆形模具在凝固的果冻上按出形状，做成头部，将草莓做成鼻子和脸颊，最后使用巧克力笔画上眼睛、嘴巴和鼻孔。

 老虎芒果果冻

食材（4人份）

牛奶 400ml
椰奶 100ml
粉状琼脂 2g
砂糖 50g
水 100ml
粉状琼脂 2g
芒果果汁（100%果汁）. 400ml
砂糖 .... 2～3大勺
植物奶油 .... 适量
巧克力笔 .... 适量

做法

1. 在锅中放入牛奶、椰奶和粉末琼脂，一边搅拌一边加热。待溶液沸腾后转小火，继续煮2分钟后加入砂糖，砂糖融化后关火，将溶液倒入平盆（21cm×27cm）中凝固待用。

2. 在锅中放入水与粉末琼脂，一边搅拌一边加热。待溶液沸腾后转小火，继续煮2分钟后加入芒果果汁和砂糖，砂糖融化后关火。倒入1的平盆中，放入冰箱冷藏柜冷却凝固。

3. 使用直径约为10cm的圆形模具，将凝固的果冻按4个圆形放入玻璃容器内，使用小号圆形模具按出小圆形的耳朵。再在耳朵上挤上植物奶油（请参照p10），使用巧克力笔画出表情和图案。

使用大号和小号的圆形模具在凝固的果冻上按出形状，做成头部，在耳朵上挤上植物奶油，最后使用巧克力笔画上表情和图案。

 大象可丽饼果冻

食材（4人份）

牛奶 500ml
粉状琼脂 2g
砂糖 50g
水 200ml
粉状琼脂 2g
葡萄果汁（100%果汁）. 300ml
砂糖 40g
植物奶油 .... 适量
食用色素（紫色）............. 少量
巧克力笔（白色、巧克力色）各适量

做法

1. 在锅中放入牛奶和粉末琼脂，一边搅拌一边加热。待溶液沸腾后转小火，继续煮2分钟后加入砂糖，砂糖融化后关火，将溶液倒入平盆（21cm×27cm）中凝固待用。

2. 在锅中放入水与粉末琼脂，一边搅拌一边加热。待溶液沸腾后转小火，继续煮2分钟后加入葡萄果汁和砂糖，砂糖融化后关火。倒入1的平盆中，放入冰箱冷藏柜冷却凝固。

3. 使用直径约为10cm的圆形模具，将凝固的果冻按4个圆形放入玻璃容器内，使用小号圆形模具按出月牙形的耳朵，组装好。使用极少量的水将紫色的食用色素溶解后，给植物奶油染上紫色，用圆形裱花嘴挤出大象的鼻子，最后使用白色植物奶油和巧克力笔画上大象的眼睛。

使用大号和小号的圆形模具在凝固的果冻上按出形状，做成头部，使用白色植物奶油挤出大象的长鼻子，巧克力笔画上大象的眼睛。

稍带苦味的巧克力是走心的味道，
喜爱甜食的人们也能享受

狸子巧克力奶冻 ✴

Raccoon Chocolate Babaloa

食材（10个）

┌ 制糕点专用巧克力.........100g
├ 牛奶 2大勺
├ 牛奶 300g
└ 粉状琼脂 3g
┌ 蛋黄 3个
└ 幼砂糖 40g
白兰地 1小勺
奶油 200ml

咖啡果冻
┌ 水 150ml
├ 粉状琼脂 1g
├ 砂糖 1大勺
└ 速溶咖啡 1大勺
巧克力笔（巧克力色、粉色）各适量
薄荷 ....少量

在切好宽为2cm的巴伐利
亚布丁上放上心形和圆形
的咖啡果冻，做成狸子的
脸部图案。

做法

1 制作巧克力巴伐利亚布丁。在耐热容器中倒入牛奶和切碎的巧克力，盖上保鲜膜，放入微波炉（设置为500w）中，加入约50秒。揭开保鲜膜后，将混合物充分搅拌。

2 在锅中放入牛奶、粉末琼脂，一边搅拌一边加热。待溶液沸腾后转小火，继续煮2分钟。

3 在不锈钢盆中放入蛋黄和砂糖。将蛋黄打发至颜色变白后，一点点加入还是热的 2 ，一边加入一边使用打蛋器搅拌。将混合好的食材再次倒回锅中，开小火加热，直至混合物有变稠的迹象关火。将白兰地加入到加入 1 中混合。

4 3 冷却后会变得更加粘稠，加入打发好的奶油混合，倒入模具（8cm×21cm的磅蛋糕模具）中，放入冰箱冷藏柜冷却凝固。

5 制作咖啡果冻。在锅中放入水、粉末琼脂，一边搅拌一边加热。待溶液沸腾后转小火，继续煮2分钟后加入砂糖和速溶咖啡，砂糖融化后关火，将溶液倒入平盆（17cm×24cm）中，放入冰箱冷藏柜冷却凝固。

6 将凝固好的巧克力巴伐利亚布丁从模具中取出，按2cm的宽度切好放入碟子中。使用心形饼干模具在凝固的咖啡果冻上按出形状，放在布丁的中间，再使用巧克力笔画上表情。使用圆形饼干模具按出形状做成耳朵组装好。

将融化的冰淇淋变为美味的汤汁

小猫咖啡果冻 ✳
Kitty Coffee Agar Dessert

食材（4人份）

┌ 水 100ml
└ 粉状琼脂 2g
意式咖啡（或浓咖啡）....... 400ml
冰淇淋（焦糖味等等）......... 适量
巧克力笔（巧克力色、橘色、粉色）
各适量
薄荷 .... 少量

做法

1. 在锅中放入水和粉末琼脂，一边搅拌一边加热。待溶液沸腾后转小火，继续煮2分钟后加入意式咖啡，混合好后关火，将溶液倒入容器中，放入冰箱冷藏柜冷却凝固。

2. 将平盆反过来，紧密地铺上保鲜膜，使用橘色的巧克力笔在盆上画上8个猫耳朵（请参照P10）。

3. 使用勺子将凝固的咖啡果冻捣碎，放入玻璃容器中。

4. 使用冰淇淋勺将冰淇淋舀出放在咖啡果冻上，将做好的耳朵插好，再使用巧克力笔画出表情和图案。

可爱的糯米团与水果，奢华的蜜豆冰淇淋

海豹蜜豆冰淇淋 ✦
Seal Mitsumame Parfait

食材（4份）

┌ 水 ………………………… 500ml	
└ 粉状琼脂 ……………………4g	
┌ 糯米粉 ………………………100g	
└ 水 …………………………… 约90ml	
巧克力笔（巧克力色）……… 适量	
黑芝麻 …………………………16颗	
喜欢的水果	
（草莓、菠萝、奇异果等）各适量	
冰淇淋（香草、抹茶）……各适量	
红豆（罐装）……………………1小罐	
白蜜 ……………………………… 适量	

做法

1. 在锅中放入水与粉末琼脂，一边搅拌一边加热（a）。待溶液沸腾后转小火，继续煮2分钟关火。倒入用水浸湿的罐头内，放入冰箱冷藏柜冷却凝固，切成小方块。

2. 将水一点点加入到糯米粉中，直至面胚变得像耳垂般的硬度后，将面胚分为8等份。取一点和好的糯米粉，作为海豹的胸鳍，每只海豹需要两个胸鳍。将剩下的糯米做成海豹的形状，黏上胸鳍，尾部用剪刀开（b）。

3. 将水烧开后，把做好的海豹放入沸水中煮，当海豹都浮起来后放入准备好的冷水中冷却。将水拭干后，使用巧克力笔画上表情，将黑芝麻黏在脸上。

4. 将琼脂放入玻璃容器中，在上面铺上喜欢的水果。放上冰淇淋和煮好的红豆，浇上白蜜，最后放上海豹。

粉末琼脂必须在水中加热，且需要不停搅拌，才能融……

将糯米团做成海豹的样子，黏上胸鳍，在尾巴出用剪刀剪开。

柔软顺滑的口感，凉凉的布丁

小熊焦糖布丁 ✦
Teddy Bear Flan

食材（5个）

┌ 砂糖 80g
├ 水 1小勺
└ 热水 4大勺
┌ 牛奶 400ml
└ 粉状琼脂 2g
┌ 蛋黄 2个
└ 砂糖 30g
奶油 100ml
香草籽（或香草精油）......... 少量
植物奶油 .... 适量
巧克力笔（巧克力色、粉色）各适量
喜欢的水果 .... 适量

做法

1. 制作焦糖汁。取一个小锅，将幼砂糖和水放入锅内，开火熬煮。待幼砂糖完全融化，并焦至红茶色后，将锅放入冷水中降温，最后加入热水。

2. 制作布丁。在锅中放入牛奶和粉末琼脂，一边搅拌一边加热。待溶液沸腾后转小火，继续煮2分钟关火。

3. 取一个不锈钢盆，将蛋黄和幼砂糖混合，蛋黄打发至颜色变白，将还是热的2一点点加入不锈钢盆中，使用打蛋器搅拌均匀。依次加入奶油、香草籽和焦糖汁（一半）混合。使用网筛将混合物过滤后，倒入模具中，放入冰箱冷藏柜冷却凝固。

4. 将模具反过来，倒出布丁于盘子上，使用植物奶油挤出熊的嘴巴，使用巧克力笔画出表情。插上巧克力笔制作的耳朵（请参照P10），把喜欢的水果做成蝴蝶结的形状如图摆好。最后浇上剩余的焦糖汁。

冰凉清爽，Q弹可爱

海豚水羊羹
Dolphin Bean Paste Agar Dessert

食材 （每种5个）

水羊羹

┌ 水	250ml
└ 粉状琼脂	2g
砂糖	50g
红豆沙	150g
┌ 水	50ml
└ 藕粉	2小勺
食盐	少量

巧克力笔（巧克力色、绿色）各适量
棉花糖（白色）................ 适量

※制作抹茶羊羹时代替红豆沙

┌ 白豆豆沙	150g
抹茶粉	1小勺
└ 热水	2大勺

使用巧克力笔直接在棉花糖上画上眼睛，眼睛才不会滑落。

水羊羹从模具中取出后，在顶部插上吸管，做成海豚的气嘴的小洞。

做法

1. 在锅中放入水和粉末琼脂，一边搅拌一边加热。待溶液沸腾后转小火，继续煮2分钟。

2. 加入砂糖继续煮，并依次加入豆沙（白豆豆沙）、与水混合好的藕粉、食盐搅拌混合（如果加入抹茶的话，抹茶需先与热水混合好再加入）。

3. 混合物变得有透明感后将火熄灭，一边搅拌一边放到冰水盆上冷却。混合物变得粘稠后，倒入柠檬形模具中，放入冰箱冷藏柜中冷却凝固。

4. 将小平盆反过来，紧密地铺上保鲜膜，使用巧克力笔画出海豚的尾巴和胸鳍、背鳍等。将白色的棉花糖切成薄片做成眼睛，使用习惯在棉花糖上按出圆心小洞，用巧克力笔在小洞上画上眼睛（a）。

※如果使用巧克力笔直接在水羊羹表面画眼睛，可能因表面的水分而掉落，使用棉花糖就不会出现此问题。

5. 水羊羹凝固后从模具中取出，使用吸管插在顶部，做成海豚的气嘴（b），将鳍和眼睛等零件组合好，画上嘴巴即可。

空气中弥漫着芝麻的香味

松鼠鲜奶冻 ✴
Hamster Panna Cotta

食材（4个）

- 牛奶 300ml
- 奶油 50ml
- 粉状琼脂 2g
- 砂糖 40g
- 碾碎的芝麻 1大勺
- 甜豆 2大勺
- 巧克力笔（巧克力色）.......... 适量
- 植物奶油 .... 适量
- 仙贝（做耳朵用，超市有售）..8片

做法

① 在锅中放入牛奶、奶油和粉末琼脂，一边搅拌一边加热。待溶液沸腾后转小火，继续煮2分钟后加入砂糖和碾碎的芝麻，混合均匀。砂糖融化后关火。

② 在锅底放上一盆冰水，溶液变粘稠后倒入玻璃杯中。待溶液开始凝固时，撒上甜豆，并放入冰箱冷藏柜冷却凝固（a）。

③ 将平盆反过来，紧密地铺上保鲜膜，使用巧克力笔画出松鼠的眼睛、鼻子和胡须待用。

④ 待②完全凝固后，将奶冻从模具中取出来，使用植物奶油在头顶部挤上头发，用仙贝做成耳朵插在奶冻上。将巧克力笔做的眼睛、鼻子和胡须黏上即可。

待溶液开始凝固时，撒上甜豆。

b

将巧克力笔做的眼睛、鼻子和胡须黏上即可。

将超市买到的冰淇淋添上可爱的笑脸

动物冰淇淋
Animal Ice Cream

 小猪冰淇淋

食材（2个）

草莓冰淇淋 2勺冰淇淋
草莓（做鼻子和脸颊用）...... 适量
棉花糖（做耳朵用）............2个
玉米 2个
巧克力笔（巧克力色、粉色）各适量

做法

1 制作小零件。将切片的草莓作为鼻子，使用粉色的巧克力笔画上鼻孔。草莓的表面薄切，作为脸颊。斜切的棉花糖作为耳朵。

2 使用冰淇淋勺舀出冰淇淋，放在蛋卷皮上。将耳朵、鼻子和脸颊黏上，最后使用巧克力笔画上眼睛和嘴巴。

 小黄牛冰淇淋

食材（2个）

朗姆酒葡萄冰淇淋........ 2勺冰淇淋
消化饼干（做鼻子用）..............2片
草莓（做脸颊用）..................2个
蛋卷皮 2个
腰果 4个
巧克力笔（巧克力色、黄色、粉色）........................各适量

做法

1 制作小零件。使用消化饼干做成鼻子，用巧克力笔在上面画上鼻孔。将平盆反过来，紧密地铺上保鲜膜，使用黄色的巧克力笔画上4个耳朵的形状（请参照p10）。草莓切薄片，作为脸颊。

2 使用冰淇淋勺舀出冰淇淋，放在蛋卷皮上。将耳朵和腰果做的牛角组装上，再将鼻子和脸颊黏上，最后使用巧克力笔画上眼睛和嘴巴。

 狗狗冰淇淋

食材（2个）

香草冰淇淋 2勺冰淇淋
草莓（做脸颊用）..................2个
蛋卷皮 2个
甜豆 4个
巧克力笔（巧克力色）......... 适量
薄荷 2个

做法

1 将草莓切成薄片，作为脸颊待用。

2 使用冰淇淋勺舀出冰淇淋，放在蛋卷皮上。将甜豆作为耳朵、草莓作为脸颊黏在冰淇淋上，再使用巧克力笔画上眼睛、鼻子和嘴巴。在头顶放上薄荷。

熊

兔子

青蛙

从超市买回来冰淇淋，再用巧克力笔画上喜、怒、哀、乐各种表情。

So easy! 快来试试吧！

草莓的香甜弥漫在口中

不倒翁草莓冰淇淋 ✳

Dharma Strawberry Sorbet

🔷 食材（方便制作的份量）

草莓 400g
砂糖 100g
柠檬汁 1大勺
棉花糖 ....5~6个
巧克力笔（巧克力色、绿色）各适量

🔷 做法

1. 将草莓洗净，切除蒂部，加入砂糖和柠檬汁后放入搅拌机中搅拌。再倒入平盆中，放入冰箱冷冻柜冷冻。

2. 将冻好的冰淇淋切碎，放入食品处理机中捣碎。如果没有食品处理机，可以先将冰淇淋冷冻，在冷冻开始的时候使用叉子将其搅拌。反复操作这个步骤就能做出柔软的雪糕了（请参照p59）。

3. 将棉花糖的两端切下薄片，使用巧克力笔在薄片上画出不倒翁的脸（a）。

3. 使用冰淇淋勺将做好的冰淇淋舀出球形，使用勺子在要贴棉花糖的部位稍稍削掉一点（b）。将棉花糖嵌上，使用喜欢的颜色的巧克力笔如图写上『福』字。

将棉花糖的两端切下薄片，使用巧克力笔在薄片上画出不倒翁的脸。

使用勺子在棉花糖嵌入的位置削掉一点点冰淇淋。

好希望冰能慢一点融化

小鸡和公鸡刨冰

Hen and Chicks Frappe

<table>
<tr><td>小鸡刨冰</td><td>

食材（4个）

芒果干（做鸡嘴用）................适量
冰 ....适量
柠檬糖水 ....适量
巧克力笔（巧克力色、黄色）各适量
花型的牡丹饼（做翅膀用，超市有售）.............................黄色8片

</td><td>

做法

1. 将芒果干做成鸡嘴的形状，使用黄色的巧克力笔画上小洞。

2. 在玻璃碗中放入刨冰，浇上柠檬糖水。将鸡嘴插在合适的位置，再使用巧克力笔画上眼睛。将牡丹饼做成的翅膀黏到如图所示的位置。

</td></tr>
<tr><td>公鸡刨冰</td><td>

食材（4个）

芒果干（做鸡嘴用）................适量
冰 ....适量
草莓糖水 ....适量
草莓（做鸡冠用）..................4颗
巧克力笔（巧克力色、黄色）各适量
花型的牡丹饼（做翅膀用，超市有售）.............................粉色8片

</td><td>

做法

1. 将芒果干做成鸡嘴的形状，使用黄色的巧克力笔画上小洞。

2. 在玻璃碗中放入刨冰，浇上草莓糖水。将鸡嘴插在合适的位置，鸡嘴下和头顶部分别放上半颗草莓。再使用巧克力笔画上眼睛。将牡丹饼做成的翅膀黏到如图所示的位置。

</td></tr>
</table>

胡子老爹雪糕
Mr.Mustache Cool Sorbet

柠檬冰淇淋

食材 （5～6人份）

┌ 柠檬 ....5～6个
└ 糖水
　┌ 水 300ml
　└ 砂糖 120g
薄荷叶 ....2～3片
野蓝莓（干）..................... 适量
羊羹（做胡子用，超市有售）适量

做法

1. 将柠檬洗干净，为了装盘时能够立起来稍稍将顶部切除（a），切除上部的1/5的地方即可。将果汁挤出来后，将果囊取出，皮放入冰箱冷冻柜中冷冻待用。

2. 在锅中放入水和砂糖，开火加热至沸腾，当砂糖完全融化后关火，待糖液冷却后使用。

3. 冷却后的②加入60ml的果汁，并加入洗净切碎的薄荷后倒入平盆中，放入冰箱冷冻柜冷冻待用（剩余的柠檬汁可以作为饮料或者做菜肴时使用）。

4. 将冻好的冰淇淋切碎，放入食物处理机中捣碎（b）。捣碎后的混合物装入冻硬的柠檬皮中，将野蓝莓作为眼睛装饰在柠檬皮上，再使用保鲜膜将柠檬皮一个一个包起来放入冰箱冷冻柜继续冷冻（c）。在食用前，将羊羹做成胡子黏在柠檬皮上。

将柠檬洗干净后，为了在装盘时柠檬能立起来，稍稍将蒂切除。

将冻硬的冰淇适当切小后放入食品处理机中打碎。

捣碎后的混合物装入冻硬的皮中，将野生蓝莓作为眼睛装饰在柠檬皮上，再使用保鲜膜将柠檬皮一个一个包起来放入冰箱冷冻柜继续冷冻。

青柠和荔枝的冰淇淋

食材 （5～6人份）

┌ 青柠 ....5～6个
│ 荔枝果汁 300ml
└ 做咖啡用糖水 .... 5～6大勺
野蓝莓（干）..................... 适量
羊羹（做胡子用，超市有售）适量

做法

1. 将青柠洗干净，为了装盘时能够立起来稍稍将顶部切除（a），切除上部的1/5的地方即可。将果汁挤出来后，将果囊取出，皮放入冰箱冷冻柜中冷冻待用。

2. 将100ml青柠汁与荔枝果汁、咖啡糖水混合在一起，倒入平盆中，放入冰箱冷冻柜冷冻（剩余的柠檬汁可以作为饮料或者做菜肴时使用）。

3. 将冻好的冰淇淋切碎，放入食物处理机中捣碎。捣碎后的混合物装入冻硬的青柠皮中，将野蓝莓作为眼睛装饰在柠檬皮上，再使用保鲜膜将柠檬皮一个一个包起来放入冰箱冷冻柜继续冷冻。在食用前，将羊羹做成胡子黏在青柠皮上。

柚子冰淇淋

食材 （4个）

┌ 柚子 4大个
└ 糖水
　┌ 水 300ml
　└ 砂糖 120g
野蓝莓（干）..................... 适量
羊羹（做胡子用、超市有售）适量

做法

1. 将柚子洗干净，切除上部的1/5的地方，将果汁挤出来后，将果囊取出，皮放入冰箱冷冻柜中冷冻待用。

2. 在锅中放入水和砂糖，开火加热至沸腾，当砂糖完全融化后关火，待糖液冷却后使用。

3. 冷去后的②加入70ml的柚子果汁，倒入平盆中，放入冰箱冷冻柜冷冻待用（剩余的柚子汁可以作为饮料或者做菜肴时使用）。

4. 将冻好的冰淇淋切碎，放入食物处理机中捣碎。捣碎后的混合物装入冻硬的柚子皮中，将野蓝莓作为眼睛装饰在柠檬皮上，再使用保鲜膜将柠檬皮一个一个包起来放入冰箱冷冻柜继续冷冻。在食用前，将羊羹做成胡子黏在柚子皮上。

没有食品处理机的情况下……

溶液倒入平盆后，将还未完全冻住的平盆取出，使用叉子将其捣碎，做成柔软的冰淇淋。

清爽的感觉为笑容加分

微笑冰沙

Smiling Smoothie

将喜欢的水果做成冰沙
使用原食材，不做任何修改，营养丰富的健康饮料
使用当季的水果，冰冰凉凉又美味，再加上微笑特技装饰好冰淇淋
放置在冰沙上是不是会有被治愈的感觉？
先冻好草莓或者芒果，加入喜欢的牛奶或者酸奶、糖水等，放入搅拌器内搅拌好
倒入玻璃杯中
用冰淇淋勺，舀出喜欢的冰淇淋放在冰上面
将想好的图案画在冰淇淋上
熊或者兔子、猪等动物们的脸都可以哦。
亲戚朋友甚至外星人都可以
发挥你的想象自由快乐地创作吧！

Part.3

柔软的日式点心

Fluffy Japanese Sweets

外婆做的糕点，曾是家庭代表性的茶点。柔软、温暖，蒸出来的糕点味道特别好吃。回味这让人怀念的味道，特别治愈。看上去很复杂的日式糕点，实际操作起来却非常简单！试着做做看。

动物豆沙包

Animal Bean Paste Buns

熊猫豆沙包

食材 （5个）

白豆豆沙（超市有售）............ 150g
多福豆的甜豆........................10个
┌ 蒸面包混合粉 250g
│ 水 .... 60～70ml
└ 色拉油 2小勺
巧克力笔（巧克力色、白色）.各适量
手粉（低筋粉）......................适量

将白豆豆沙搓成圆形，用蒸面包面团将其包裹好，放在饼干油纸上，装饰上甜豆做的眼睛和耳朵。

做法

1. 将白豆豆沙分为5等份，按照瘪圆的形状搓好待用。将多福豆做成耳朵的形状，选5颗豆子从细长那面的腰部对半切开，剩下的豆子做成眼睛的形状，从扁平的面对半切开。饼干油纸按照10cm的边长剪成正方形。

2. 将蒸面包混合粉与水，油一点点混合，用手揉面胚，直至面胚变成像耳垂般的硬度。

3. 将搓好的豆沙包放入揉好的蒸面包面胚中，放在饼干油纸上，眼睛和耳朵的多福豆也放在油纸上。将油纸放入充满蒸汽的蒸汽机中，开小火蒸12～15分钟。

4. 蒸熟后将馒头从饼干油纸上取下，使用巧克力笔画上表情。

※ 揉面团时，如果面团粘手，可以撒一点低筋粉，继续揉面。面团是放在油纸上蒸熟的，会与油纸黏在一起，可以在放入蒸汽机前将多余的油纸剪掉。需要注意的是，面胚含有的水分较多，如果使用高火的话，馒头的表面容易裂开。

小猪豆沙包

食材 （5个）

红豆沙 150g
┌ 蒸面包混合粉 250g
│ 水 .... 60～70ml
└ 色拉油 2小勺
食用色素（红色）..................少量
巧克力笔（巧克力色、粉色）.各适量
手粉（低筋粉）......................适量

将红豆沙搓成圆形，用蒸面包面团将其包裹好，放在饼干油纸上，装饰上白色面团做成的鼻子即可。

做法

1. 将豆沙分为5等份，按照瘪圆的形状搓好待用。饼干油纸按照10cm的边长剪成正方形。

2. 将蒸面包混合粉与水、油一点点混合，用手揉面胚，直至面胚变成像耳垂般的硬度。鼻子需要使用白色的面胚，取出少量的面胚待用，剩下的面胚加入食用色素染成粉色，食用色素只需要极少量的水来溶解。

3. 将搓好的豆沙包放入揉好的粉色蒸面包面胚中，放在饼干油纸上。使用心型模具按出耳朵的形状黏在脸上。事先取出的白色面胚做成鼻子放在粉色面配上。将油纸放入充满蒸汽的蒸汽机中，开小火蒸12～15分钟。

4. 蒸熟后将馒头从饼干油纸上取下，使用巧克力笔画上表情。

小鸡豆沙包

食材 （5个）

红豆沙 150g
┌ 蒸面包混合粉 250g
│ 水 .... 60～70ml
└ 色拉油 2小勺
食用色素（黄色）..................少量
巧克力笔（巧克力色、橘色）.各适量
手粉（低筋粉）......................适量

将红豆沙搓成圆形，用蒸面包面团将其包裹好，放在饼干油纸上，黏上做好的翅膀即可。

做法

1. 将豆沙分为5等份，按照鸡蛋的形状搓好待用。饼干油纸按照10cm的边长剪成正方形。

2. 将蒸面包混合粉与食用色素、水和油一点点混合，用手揉面胚，直至面胚变得像耳垂般的硬度。

3. 将搓好的豆沙包入揉好的蒸面包面胚中，放在饼干油纸上。使用新型模具按出翅膀的形状黏在身体上。将油纸放入充满蒸汽的蒸汽机中，开小火蒸12～15分钟。

4. 蒸熟后将馒头从饼干油纸上取下，使用巧克力笔画上眼睛和鸟嘴。

在家也能手工做出的简单日式点心

天鹅日式点心
Japanese Swan Sweets

（4个）

白豆豆沙（超市有售）...............300g
奶油 70ml
长崎蛋糕（超市有售）...............半根
巧克力笔（白色、黑色、黄色）...适量

做法

1. 将长崎蛋糕切成一口能吃掉的大小。
2. 把平盆反过来，表面紧密地铺上保鲜膜，使用白色巧克力笔在盆上画上天鹅的脖子，眼睛和嘴。
3. 将白豆豆沙放入有耐热性的盆内，摊展开来，不使用保鲜膜，直接放入微波炉中，设置为500w，一分钟加热。加热后将盆从微波炉内取出，稍作搅拌，再次摊展开后放入微波炉加热一分钟。这个过程反复操作数次，直至豆沙水分大部分蒸发、变成粉状为止。
4. 打发奶油直至出现直立立体的尖角，将打发好的奶油涂在长崎蛋糕的表面，剩余的奶油与白豆豆沙混合。
5. 使用孔较大的多功能筛网，将4的豆沙滤细成肉松状（a）。
6. 使用筷子将5黏在长崎蛋糕上，做成圆形（b）。
7. 将做好的脖子等零件组合好。

使用孔较大的筛网将白豆豆沙滤细成肉松状。

将肉松状的豆沙黏在长崎蛋糕上。

最适合做手礼糕点的美味
栗子味茶巾卷纹小鸟
Baby Bird-shaped Mashed Chestnuts

食材（6个）

栗子（蒸熟后，去壳去毛）
................................200g
砂糖 .... 适量
抹茶粉 .... 少量
热水 .... 少量
巧克力笔（巧克力色）......... 适量

做法

1. 将栗子蒸熟后对半切开，用勺子将果肉部分从壳内取出。使用研磨棒等工具把栗子弄碎后放入锅中，中火加热，加入砂糖混合。面糊开始沸腾后关火。取出少量面糊，加入用热水混合好的抹茶粉，以准备做翅膀用。剩余面糊分为6等份待用。

2. 将白布用水打湿后拧干或者使用保鲜膜也可以，将①放在上面，在翅膀的位置放上加入了抹茶的栗子，将白布拧起，并使栗子的形状尽量贴近小鸟的形状。

3. 使用巧克力笔画出眼睛。

将栗子放在用水打湿后拧干的白布上，拧出小鸟的形状。

从超市买来的日式糕点，只要花心思，也能玩出各种花样

日式动物馒头 ✦
Animal Buns

使用从超市买来的日式馒头，做成动物馒头，试试吧。

做法

1. 首先按馒头的颜色决定好用它们做什么动物。如果是粉色的，可以做猪或者兔子，如果是棕色的可以做熊或者野猪等等。也可以按照想象自己发挥。

2. 将所需要的零件都想好并做好。零件不仅可以使用巧克力笔画出来，也可以在超市买饼干、牡丹饼等小零食，根据所需的形状和大小来拼成动物。

※不仅是日式馒头，能够买到的日式点心都可以使用，发挥你的想象，做成小动物点心。推荐先把想好的画出来。虽然不是一开始的手工糕点的制作，但确实是简单又可爱的微笑糕点哦。

使用甜豆制作动物鹿子饼

动物鹿子饼 ✦
Animal Kanoko

食材（4个）

小羊鹿子饼	白豆豆沙 100g
	甜白花豆 120g
	黑芝麻 8颗
	羊羹（做羊角用）............. 少量
	甜红豆（做脚用）.............16颗

刺猬鹿子饼	白豆豆沙 100g
	甜红豆 60g
	黑芝麻 12颗

乌龟鹿子饼	白豆豆沙 100g
	甜豌豆 80g
	甜白花豆（做头部用）.....4颗
	黑芝麻 8颗
	甜红豆（做脚用）.............16颗

琼脂液
- 水 200ml
- 粉状琼脂 2g
- 砂糖 2大勺

做法

1. 小羊鹿子饼，先将白豆豆沙分成4等份，撮成球形，再对半切开黏在白花豆的表面。将切成条状的羊羹迅速地卷起，像羊角那样，黏在头部。将黑芝麻作为眼睛、小红豆作为脚组合好。

2. 刺猬鹿子饼，先将白豆豆沙分成4等份，撮成球形，做出一个尖尖角的部位作为刺猬的鼻子，在身体部分黏上小红豆。将黑芝麻作为眼睛和鼻子尖黏在豆沙上。

3. 乌龟鹿子饼，先将白豆豆沙分成4等份，在身体的部分黏上甜豌豆。将白花豆作为头部，在上面黏上黑芝麻的眼睛，并把白花豆黏在身体上，小红豆作为脚组合好。

4. 将水和粉末琼脂放入锅中，开火搅拌。溶液沸腾后开小火继续煮2分钟，加入砂糖，待砂糖融化后关火。

5. 使用毛刷蘸取 4 的琼脂液涂在动物们的身体上，起提亮的作用。

使用荞麦粉做的红薯馒头

河童荞麦馒头
Hippo Buckwheat Buns

食材（8个）

豆沙 160g
佛掌山药 60g
砂糖 100g
上新粉 35g
荞麦粉 35g
巧克力笔（巧克力色）......... 适量

做法

1. 将豆沙分成8等份，按照河童的样子搓成圆形待用。将饼干油纸按7cm的宽度切好。

2. 用削皮器将佛掌山药刮下60g，放入蒜臼中，分2~3次加入砂糖，充分搅拌。

3. 将上新粉与荞麦粉混合好后筛入不锈钢盆中，②放入粉的正中间（a）。使用手一点将其与粉类混合，可以用手指按压混合好的面胚，如果触感如棉花糖一般柔软，就可以把面胚分为9等份，搓圆待用。其中一个再分为16等份，做成耳朵。

4. 做好的面糊将豆沙包入其中，做成河童的形状，放在饼干油纸上（b）。黏上耳朵的部分，喷上水，放入充满蒸汽的蒸汽机中，开中火蒸10分钟左右。

5. 蒸熟的馒头放在冷却架上冷却，并在冷却后放在饼干油纸上稍微擀制开来，使用巧克力笔画出表情。

将上新粉与荞麦粉混合好后筛入不锈钢盆中，将做好的山药泥放入粉的正中间。

做好的面糊将豆沙包入其中，做成河童的形状，放在饼干油纸上。

只有亲手制作才会有的存在感！

雪人百合根馒头
Lily Bulb Snowman Buns

食材（4个）

百合根 2个
砂糖 2大勺
奶油 2大勺
长条形的果冻点心（做围巾用）
.... 适量
甜豆（做帽子用）.................2颗
巧克力笔（巧克力色）......... 适量
芒果干（做鼻子和帽子用）... 适量

做法

1. 将百合根一片片拆开，将棕色的地方切除掉。

2. 放入充满蒸汽的蒸笼中，开中火蒸大约5分钟，百合根完全蒸熟后滤细。

3. 将砂糖和奶油混合在一起，分为四等份，做成雪人，使用巧克力笔画上表情，用芒果干作为鼻子装在脸上。

4. 将细长的果冻点心切成适当的大小，做成雪人的围巾。

5. 将围巾夹在雪人的中间部位，放有甜豆的芒果干作为雪人的房子盖在头上。

在雪人中间部位披上围巾。

浓浓的奶香

棉花糖热饮
Marshmallow Drink

在热乎乎的饮料中放入一个或两个棉花糖
看着它们慢慢扩散开来
不知为何，一种幸福感也随着热气飘上来
再加上我的微笑特接，幸福指数会更上一层楼！
给五颜六色的棉花糖画上可爱的表情
让它们飘在你的杯中
试试吧
咖啡、红茶、热牛奶或可可、抹茶
只要是你喜欢的饮料都不妨一试
会感受到这满满的幸福

俏皮的一口小点心

Stylish Petit Sweets

那种小巧可爱的烘烤点心或者巧克力，总会让人心神荡漾、幸福感倍增。虽然体积小，却让人印象深刻，美味与可爱并存。这样的小点心既可以做派对上的甜品，也可以做礼物送人哦！

┌ 吉利丁 17g
└ 水 3大勺
┌ 水 50ml
│ 砂糖 120g
│ 芒果果蓉 60g
└ 蛋清 2个的份量
玉米粉 .... 适量
巧克力笔（黑色）.................. 适量
迷你棉花糖（超市有售）...... 适量

预先准备

● 吉利丁与水混合，浸泡待用
● 在平盆（21cm×27cm）上铺上烤纸。

做法

① 取一个小锅，放入水、一半量的砂糖和芒果果蓉，开火加热。溶液沸腾，砂糖完全融化后关火，加入吉利丁使其融化。

② 在不锈钢盆中倒入蛋清，使用电动打蛋器将蛋清打散，将剩余的砂糖分几次加入到蛋清中打发，直至形成直立立体的尖角为止（a）。

③ 将还是热（如果冷掉了请加热）的①加入到②中，一边一点点地加入，一边使用电动打蛋器打发混合物（b）。直至混合物变得有厚重感后，将其倒入平盆中，盖上保鲜膜放入冰箱冷藏柜中冷却凝固。

④ 将玉米粉放入茶筛中，把粉筛到凝固好的棉花糖上（c），并将棉花糖切成适于一口吃掉的大小，使用毛刷将多余的玉米粉刷掉，将迷你棉花糖切成两半，作为耳朵粘好，再用巧克力笔画上表情。

蛋清打至形成直立立体的尖角为止。

加入了吉利丁的芒果果蓉的混合液要趁热打发。

在凝固的棉花糖上一边撒玉米粉，一边切成小块。

不使用蛋清口感劲道

小鸡棉花糖

做法

① 将玉米粉放入平盆中，使表面平整。再使用鸡蛋，按出小坑（d）。如果使用鹌鹑蛋就会变成迷你型的了。

② 将芒果果蓉与幼砂糖、麦芽糖放入锅中加热。完全沸腾后，继续熬煮，直至产生的气泡变得比较密集细小，关火，加入吉利丁。

③ 使用电动打蛋器将混合物打发。打至有厚重感后，迅速地用勺子将混合物舀入玉米粉的小坑内（e），放入冰箱冷藏柜中冷却凝固。

④ 用手稍微触碰，表面凝固后，使用毛刷将多余的玉米粉刷掉，使用巧克力笔画出眼睛和嘴。

食材（制作鸡蛋12个的量）

玉米粉 ....适量
┌ 吉利丁 10g
└ 水 3大勺
┌ 芒果果蓉 50g
│ 幼砂糖 50g
└ 麦芽糖 20g
巧克力笔（巧克力色、黄色）.各适量

预先准备

● 吉利丁与水混合，浸泡待用

将玉米粉放入平盆中，使表面平整。再用鸡蛋按出小坑

使用勺子将棉花糖液倒入玉米粉的小坑内。

要点

充分打发混合物的话，棉花糖会变得更软。如果溶液变冷、凝固了的话，可以放在热水上稍稍加热，使用电动打蛋器再次打发。

杏仁口味，口感特别，作为小礼物很受欢迎

雪人马卡龙
Snowman Macaroons

食材（10个）

- 蛋清 70g
- 幼砂糖 40g
- 糖粉 100g
- 杏仁粉 70g
- 糖霜或者巧克力笔 .... 适量
- 喜欢的果酱 .... 适量

预先准备

- 糖粉与杏仁粉混合，过筛两道。
- 10mm圆形裱花嘴，与裱花袋组合好。
- 烤箱调至160℃预热。

做法

1. 制作蛋白酥。将蛋清放入不锈钢盆中打散。幼砂糖分3次加入到蛋清中，使用电动打蛋器打发，直至形成直立立体的、尖角较牢固的蛋白酥为止。

2. 将杏仁粉和糖粉加入到蛋白酥中，使用硅胶刮刀稍作搅拌后，换用硅胶刮刀的刀面来按压搅拌面糊，搅拌数次（a）。

3. 面糊搅拌至有光泽，将面糊聚集在一起。当面糊会慢慢地向四周扩散时，使用硅胶刮刀带起一团面糊，流下来的面糊会如丝带般重叠在一起，就可以将面糊装入裱花袋中，使用10mm的圆形裱花嘴来挤花了。

4. 在烤板上铺上一层烤纸，按一定的间距，挤出雪人状的面糊20个（c）。这个时候，可以制作一个头部为直径3cm，身体部分为直径3.5cm的板纸，按着板纸挤面糊会很方便。将挤好的面糊放置一段时间，用手触碰表面，没有东西黏在手上后即可（约为40分钟左右。根据当天的湿度不同，晾干所需要的时间不同）。

5. 将表面晾干的面糊放入160℃的烤箱中烤制约3分钟，面糊膨胀（裙边）出来后马上将温度降为140℃，再烤制约7~9分钟。烤好的马卡龙冷却后，从烤纸上取下即可。

6. 将马卡龙夹上喜欢的果酱（d），组合好。用巧克力笔或者糖霜画上表情、围巾和扣子。

使用硅胶刮刀的面来按压搅拌面糊。这个动作叫做马卡龙去泡。

使用硅胶刮刀带起一团面糊，流下来的面糊会如丝带般重叠在一起。

在烤板上挤头部和身体时，中间稍稍隔开点间距。在烤纸下面垫上板纸，挤出来的形状就会比较统一了。

两个雪人为一组，在中间夹上喜欢的果酱粘紧即可。

关于马卡龙

裙边是什么？

马卡龙在烤制时，与烤板接触的部分会膨胀浮出，这个浮出的部分称为「裙边」，是制作马卡龙才会出现的现象。在开始烤制时，裙边的出现是将温度下调的信号。尤其是在烤制白色马卡龙时，裙边一出现就要马上降下温度。如果觉得会有烤焦的危险，可以稍微打开一下烤箱门，使烤箱内温度下降。在挤雪人的头部和身体时，面糊因为会稍稍向外扩散，所以为了能烤出漂亮的形状，头部与身体之间需要留有间隔。马卡龙烤制时也会膨胀开来，所以也需要多次练习以抓住要点。

焦味黄油最美味
野猪仔迷你玛德琳
Piglet Mini Madeleine

🏷 食材（迷你玛德琳蛋糕模60个）

鸡蛋 2个
砂糖 80g
蜂蜜 1大勺
食盐 1爪
低筋粉 100g
泡打粉 1小勺
无盐黄油 100g
糖霜（棕色、黄色、白色） 各适量

推荐使用硅胶制的玛德琳模具。做好的面糊直接倒入模具内烤制也不会粘在模具上，烤好的蛋糕轻松就能取下来。

预先准备

● 低筋粉和泡打粉混合在一起过筛待用。
● 使用的是金属模具的话，需用毛刷蘸取黄油涂于模具表面，撒上低筋粉，再将多余的低筋粉抖落。
● 烤箱调至170℃预热。

🏷 做法

1️⃣ 将鸡蛋打入不锈钢盆中，使用打蛋器将鸡蛋打散，加入砂糖、蜂蜜和食盐后充分搅拌均匀。

2️⃣ 加入过筛后的低筋粉，使用打蛋器搅拌均匀。

3️⃣ 去一个小锅，放入黄油开中火加热，不停摇晃锅子，使黄油可以均匀焦化。颜色变为棕色后，将锅放入冷水中降温，再使用茶筛过滤，一点点加入到2️⃣中混合。混合好后，盖上保鲜膜室温休息1小时左右。

4️⃣ 将醒好后的面糊倒入模具中，约为8分满的位置即可，再将模具放入170℃的烤箱中烤制约为15分钟。

5️⃣ 将烤好的蛋糕从模具中取出，使用黄色的糖霜画出耳朵，棕色的糖霜画上眼睛和鼻子和身体的图案，最后使用白色的糖霜在鼻子上画上鼻孔即可。

将糖霜装入圆锥形纸袋中，画出耳朵、眼睛、鼻子和身体的图案。

幸福四溢的白巧克力猫头鹰

巧克力猫头鹰

Chocolate Owl

在草莓巧克力的表面再浇上一层白巧克力。网格的下端铺上一层保鲜膜。

将平盆放过来，紧密地铺上保鲜膜，使用小勺做圆形巧克力。

食材（8个）

白巧克力 120g
奶油 2大勺
冷冻草莓干（颗粒）....... 1大勺
涂覆用巧克力
白巧克力 70g
芒果干（做鸟嘴用）........... 适量
巧克力笔（黑色、白色）... 各适量

做法

① 将切碎的白巧克力和奶油放入耐热容器中，使用微波炉，在500w的设置下转50秒加热。使用勺子混合均匀。

② 将冷冻草莓干加入到①中混合好。放入冰箱冷藏柜中冷却，糊状物能够粘合起来左右，将糊状物分为8等份按照猫头鹰的形状搓成圆，再次放入冰箱冷藏柜中冷却直至完全凝固。

③ 给涂覆用的巧克力进行调温。首先在不锈钢小盆内放入切碎的白巧克力（计量内2/3的量），将小盆放在热水上使巧克力融化。这个时候要注意，不要让汽水或水蒸气混入到巧克力中。巧克力到达50℃后，将小盆从热水中取出，将剩余的1/3的巧克力一点点加入到盆中。边加边搅拌，只是巧克力变得顺滑无颗粒，温度降为32℃即完成巧克力的调温。

④ 将②中做好的巧克力放在叉子上，沾上完成调温的巧克力（a），放在铺有保鲜膜或者烤制的蛋糕架上等待巧克力凝固。

⑤ 最后剩下的涂覆用巧克力可用来做猫头鹰的眼睛。将小平盆反过来，紧密地铺上保鲜膜，使用小勺做出16片直径约为1.5cm的小圆（b）。巧克力凝固变硬后，使用黑色和白色的巧克力画上眼睛即可。

⑥ 用巧克力笔做粘着剂，将芒果干作为鸟嘴黏在已经变硬后的猫头鹰身体上。

外焦里嫩

橡果达克瓦兹✦

Meringue Cookie Acorn

食材（20个）

蛋白酥
┌ 蛋清 2个
└ 幼砂糖 20g

A
┌ 杏仁粉 30g
│ 糖粉 30g
└ 低筋粉 10g

榛子奶油
无盐黄油 50g
┌ 糖粉 10g
│ 榛子酱 30g
└ 野蓝莓（干）...................适量

预先准备
●将A中食材混合后，过两道筛待用。
●黄油置于室温中，自然软化。
●烤箱调制180℃预热。

做法

1. 制作面糊。将蛋清放入不锈钢盆中，使用电动打蛋器将蛋清打散，幼砂糖分2～3次加入到蛋清中，打发蛋清至蛋清会形成直立立体尖角为止。

2. 面糊内加入过筛后的A，稍作搅拌（a）。

3. 将搅拌好的面糊装入裱花袋中，使用口径为15mm的圆形裱花嘴，在铺好烤制的烤板上，一半挤成橡果的形状稍带细长的圆形，剩下的部分挤成瘪平的状态做橡果的伞顶，分别挤出20个即可（b）。

4. 使用茶筛把糖粉（不计入配方中）撒在面糊表面，撒两道（c）。

5. 将烤板置于180℃的烤箱中烤制15分钟。烤好冷却后，将达克瓦兹从烤制上取下。

6. 制作榛子奶油。将室温软化后的黄油搅拌至乳霜状后，加入糖粉和榛子酱，混合好即可。

7. 5中做好的橡果夹上榛子奶油组合好，再将野蓝莓作为眼睛每颗橡果2粒黏在橡果上即可。

在蛋白酥中加入过筛后的粉类，使用硅胶刮刀稍作搅拌即可。

在烤板上挤上橡果和伞顶的形状各20个。

使用茶筛将粉糖撒在挤好形状后的面糊上，需要撒两道。

内容提要

微笑甜品也称为"治愈系甜品"，给人带来亲切柔和之感。

闲暇时刻，步入厨房，为家人朋友烘焙一份微笑甜品。它们好吃又可爱，萌萌的姿态定会让家人心生欢喜。在本书中，日本人气烘焙高手千叶贵子将用最通俗易懂的语言教您制作微笑甜品。材料简单易得，重视营养健康，让您一学即会。

为家人烘焙一份美味，就是烘焙一份幸福生活。

当甜品笑脸相迎，是不是会给美味加分呢？

北京市版权局著作权合同登记号：图字 01-2015-1537 号

OEKAKI SWEETS

Copyright ©Takako Chiba 2010

All rights reserved.

First original Japanese edition published by Nitto Shoin Honsha Co.,Ltd.,Japan.

Chinese (in simplified character only) translation rights arranged with Nitto Shoin Honsha Co.,Ltd., Japan

through CREEK & RIVER Co., Ltd. and CREEK & RIVER SHANGHAI Co., Ltd.

图书在版编目（CIP）数据

微笑烘焙：送给家人的小幸福 /（日）千叶贵子著；
曹惊喆等译 . — 北京：中国水利水电出版社，2016.1

ISBN 978–7–5170–3578–7

Ⅰ . ①微… Ⅱ . ①千… ②曹… Ⅲ . ①甜食 — 制作
Ⅳ . ① TS972.134

中国版本图书馆 CIP 数据核字 (2015) 第 207588 号

策划编辑：杨庆川 曹亚芳　责任编辑：杨庆川　加工编辑：曹亚芳　封面设计：梁燕

书　　　名	微笑烘焙：送给家人的小幸福
作　　　者	【日】千叶贵子 著　曹惊喆等 译
出 版 发 行	中国水利水电出版社 （北京市海淀区玉渊潭南路 1 号 D 座　100038） 网　址：www.waterpub.com.cn E-mail：mchannel@263.net（万水） 　　　　 sales@waterpub.com.cn 电　话：（010）68367658（发行部）、82562819（万水）
经　　　售	北京科水图书销售中心（零售） 电　话：（010）88383994、63202643、68545874 全国各地新华书店和相关出版物销售网点
排　　　版	北京万水电子信息有限公司
印　　　刷	北京市雅迪彩色印刷有限公司
规　　　格	210mm×260mm　16 开本　5.25 印张　128 千字
版　　　次	2016 年 1 月第 1 版　2016 年 1 月第 1 次印刷
印　　　数	0001—8000 册
定　　　价	36.00 元

凡购买我社图书，如有缺页、倒页、脱页的，本社发行部负责调换